有时候
一转身
就是一辈子

孙郡锴◎编著

中国华侨出版社

图书在版编目（CIP）数据

有时候，一转身就是一辈子/孙郡锴编著. —北京：中国华侨出版社，
2013.8
ISBN 978－7－5113－3875－4

Ⅰ.①有… Ⅱ.①孙… Ⅲ.①人生哲学－通俗读物
Ⅳ.①B821－49

中国版本图书馆 CIP 数据核字（2013）第 188380 号

●有时候，一转身就是一辈子

编　　著/孙郡锴
责任编辑/月　阳
封面设计/智杰轩图书
经　　销/新华书店
开　　本/710mm×1000mm　1/16　印张 18　字数 220 千字
印　　刷/北京溢漾印刷有限公司
版　　次/2013 年 10 月第一版　2013 年 10 月第 1 次印刷
书　　号/ISBN 978－7－5113－3875－4
定　　价/32.00 元

中国华侨出版社　　北京朝阳区静安里 26 号通成达大厦 3 层　　邮编 100028
法律顾问：陈鹰律师事务所
编辑部：(010) 64443056　　64443979
发行部：(010) 64443051　　传真：64439708
网　址：www.oveaschin.com
e-mail：oveaschin@sina.com

前　言

　　人生就像是一次漫长的旅行，在旅行的途中会有很多的岔道口，会有很多的路需要我们去选择，也会有很多的风景让我们情不自禁地驻足；当然在前行的路途中也会有很多的荆棘，会有很多的泥泞，我们也会多次跌倒。但是，不管如何这都是命运，也是人生，是我们所拥有的一辈子，不管怎样都需要我们认真地度过，需要我们不断地去坚守，因为有时候一转身就是一辈子。

　　就像是在匆匆而过的时光中，我们的悲欢没有多少可以祭奠，因为时光太过匆忙，生命如流，在蓦然回首间一切都会化作虚无。所以我们能够守住的只是那些美好的日子，我们所能够拥有的也只是尽力地让自己的生命变得多彩斑斓，而不是让那些潜伏在岁月里的苦痛不断地去啃噬自己的心脏，也不是让那些记忆中的流年只剩下哀伤，更不是让那些暗夜里的情怀只能在夜深人静的时候释放。我们需要去抓住那匆匆而去的岁月，我们需要在忙碌的生活中余留一些时间去倾听自己内心的疲惫，我们也需要在纷繁的人世间去追逐时光的印迹，而不是让自己的一生都在苦痛与哀伤、孤独与流浪中度过。我们需要去寻找生命中的那些感动，也需要抓住人生中的每一次转身，让自己的一生变得绚烂起来。

　　想要抓住生命中的每一次转身，想要让自己的一生变得绚烂起来，那么我们就要懂得给自己的身心一米阳光，让自己在任何时候都不丧失希望。因为很多时候人生就像是在暗夜中前行，我们的身心会变得无比的疲惫，有时候灵魂也似乎会被自己放逐很久，而那些生命的底色也会在不知不觉的磨难与失望中变得苍白。所以在人生的旅途中我们要理清自己那些曾经纷乱的思绪，要找到属于自己的那条路，也要拾起那片激情，找回丢失已久的那个自己，只有这样我们才能够在一次次的转身之间捕捉到真正的自己，也才能够在一次次的选择之中聚焦心灵的能量，实现自我的救赎，从而拨开前进路途中的迷雾，让自己的一生都在辽阔的世界中行走。

拨开前进路途中的迷雾，让自己的一生都在辽阔的世界中行走，需要我们的彻悟，需要我们在转身的时候点亮自己心中的那盏灯，种下一个个光明的种子，然后去照亮自己的人生路途。人生必须要有心灯的指引，因为这样我们才能够在黑暗的路途中不至于迷路，也才能在前进的途中绽放属于自己的风采；当然有了心灯的指引，我们也才能够在专注于自己理想的时候遇到任何的坎坷与挫折都不低头，并且能够坚持下去，完成完美的转身。

每个人在自己人生前进的路途中都会有一些疑惑，在面对选择的时候也会变得不知所措，《有时候，一转身就是一辈子》这本书就是在探寻我们心理的基础上告诉人们如何去面对自己人生中的每一次转身，在每一次的转身中如何做到优雅并且成就辉煌，当然也告诉我们在人生的路途中如果遇到了灾难，遇到了坎坷我们需要心怀希望，在不能左右生命的长度的时候想办法去拓宽自己生命的宽度，用一颗积极向上的心，用自己的执着与坚强去走好自己的人生路。

目 录

困惑篇
——时光匆匆而逝，有多少悲欢可以祭奠

时光就是这样匆匆，生命如流，回眸间也是一片虚无。

第一章　多少伤痛在暗夜间纠结 ·························· 2

潜伏在岁月里的那些苦恼／2

记忆中的流年，安逸源自何方／7

浮华背后留存了多少无奈／11

躲在暗夜里的叹息情怀／15

拿什么抓住你，匆匆而去的日子／19

是谁的伤感在泪泉中涌动／23

心灵在印证的岁月里凋谢／27

在纷繁间追逐时光印迹／31

年华无声，怎样过最值得／33

第二章　这辈子究竟能留下什么 ························· **38**

别用叹息书写生命独白／38

万物各得其所，哪里才是心灵的归宿／42

抹去往事，挑起人生的重量／46

有多少遗憾可以重来／50

别让灵魂孤独地流浪／54

困惑不是世界背弃你的方式／57

别让你的悲伤逆流成河／61

寻觅篇
—— 探寻灵魂归属，给心一次重生的机会

人生就像在暗夜里前行，疲惫的身心也渴望一米阳光。

第三章　迷离梦境能否梦想成真 ····················· **66**

理清那些纷乱如麻的思绪／66

在黑暗中探寻黎明的光点／71

挽回那些消逝已久的情怀／76

在走过的路上触摸生命的痕迹／80

收回放逐已久的魂魄／85

用好奇之心对待种种未知／90

演好人生的角色，渲染生命的底色／94

拾起那片激情，找回丢失的自己 / 98

第四章　在遥望间保持些许期待 ························ 102

追赶生命之光，驱逐落寞和彷徨 / 102

集聚心灵能量，实现自我救赎 / 106

做自己的老大，人生本该自己主宰 / 111

山的那一边，是海；心的那一边，是爱 / 115

失去的时候别急着去悲伤 / 119

跟随心灵指引，拨开茫然迷雾 / 124

放飞自己，就会看到世界的辽阔 / 128

顿悟篇
——瞬间明澈心扉，点亮这一辈子的心灯

彻悟，就是燃亮自己心中的那盏灯。

第五章　扬起自我时代的风帆 ·················· 134

种下光明的种子，用它照亮自己 / 134

让生命与众不同 / 138

无须幻想未来，着眼现实存在 / 142

强者，从征服自我开始 / 146

条条大路通罗马，人生之路在足下 / 150

让心境无尘，屏蔽纷繁的忧虑 / 154

专注人生的选择，执着内心的向往 / 158

改变命运，扬起自我时代的风帆 / 163

行动是未来最好的创造者 / 166

第六章　绽放自己的风情与精彩 …………………… 171

是职业，也是事业 / 171

目标，铸造成就感的必备工具 / 176

不必强求如意 / 181

摆正心态，让生命如虎添翼 / 185

抓住改变命运的那几秒 / 189

在别人放弃的时候选择坚持 / 193

谁说弯路上没有风景 / 198

承受生命之轻，承受生命之重 / 202

展望篇
——拓宽未来视角，绘制独特完美新生活

拥抱明天，让心灵和浩瀚的宇宙融合。

第七章　打消顾虑，此生必有幸福 ……………… 208

无法左右生命长度，就拓展它的宽度 / 208

保持求索的那份执着 / 212

用心灵的小宇宙温暖自己 / 216

用爱好装点自己的生活 / 220

有时回过头就摆脱了困境 / 224

眼界是成功的翅膀，高度决定视野的辽阔 / 228

追求生命中的美好元素 / 232

让不幸定格在心灵的一角 / 236

努力把握生命中的分分秒秒 / 241

第八章　唱响生命的永恒旋律 ………………… 245

珍惜美好时光，活在当下 / 245

成就向上力量，带着理想去远航 / 249

张扬个性，实现自我价值 / 253

热爱人性光辉，成就非凡理想 / 257

用真诚点亮人性的光辉 / 261

珍惜那份珍藏于内心的底蕴 / 266

开启智慧，润泽生命之光 / 270

拥抱明天，生命之旅永无止境 / 274

困惑篇

——时光匆匆而逝，有多少悲欢可以祭奠

时光就是这样匆匆，生命如流，回眸间也是一片虚无。

第一章　多少伤痛在暗夜间纠结

　　生命本来就是一次艰难的跋涉，在跋涉的途中我们会遇到很多的挫折与困难，有时候也会有很多的悲伤以及困惑。有时候伤痛的时候我们会用眼泪来发泄，难过的时候我们也会极力地隐忍着不哭，但是这都是我们的人生，即使有再多的伤痛在暗夜里纠缠，我们都必须去承受，因为时光就像是那调皮的孩子，在不经意间就会悄悄溜走，所以我们能做的就是抓住自己的生命，努力过好生命中的每一分每一秒。

潜伏在岁月里的那些苦恼

　　苦恼，有时候就像是那无孔不入的灰尘一样，如果不适时地进行清扫，那么只会越积越厚，甚至压迫我们的神经夺走我们的呼吸，让一生的岁月里只有哀愁与抱怨、彷徨与无助。所以，时常地清扫潜伏在自己内心深处的苦恼，时常给自己的精神放个假，那么可能我们看到的世界将会是另一番模样。

　　生活是什么样子，每个人都会有自己不同的见解。有的人可能说，生活是一场酣畅淋漓的马拉松长跑，在途中自己需要时刻争第一，时刻想着如何坚持下去，所以到头来是劳苦一生；可能也有的人会说，生活就是一场没有时间规定的游戏，什么时候下场就意味着生命的终结，所以在游戏的过程中可以尽情地演绎；当然还有的人可能会说生活就是那无限苦恼的不断重叠、不断反复，永远都没有终结。其实生活是什么样子很多时候只是我们自身的感受，就像是有些人觉得生活是无限烦恼的不断重叠与反复，其实那只是因为在他们的心里苦恼潜伏得太久，也占据了太过重要的位子。

　　心若被一样东西占据，那么在一生中也只能与那个东西不断地纠缠。苦恼也是一样，如果在我们的生命中让苦恼萦绕着自己，不管遇到什么事情都觉得压力无边袭来，不知道该怎么办，只是将自己的脸皱成苦瓜，让自己的心也堪比黄连，那么我们也只能在苦恼的海洋中不断地徘徊，可能永远也上不了岸。其实不管我们的生命是怎样的一段旅程，不管我们在人生的路上会遇到怎样的坎坷，会有什么样的艰难险阻，如果我们能够打开自己的心扉，让自己的生命有一丝阳光渗入，那么再难走的路也能够走下去，再多的苦恼也能够慢慢消散，而不是堆积。

　　就像伟大的作家莫泊桑说的："你明白，人的一生，既不是人们想象得那么好，也不是那么坏。"那些岁月中的苦恼并不是我们所想的那么难以丢弃，也不是像有些人说的那样容易忽略，它只是那样存在在我们的生命里，有时候来得悄无声息，有时候却是那样的激烈，让人措手不及。但是不管它是以怎样的一种方式来到了我们的生命里，我们要做的都是好好地去解决它，让它在最短的时间里消散，而不是让它静静地潜伏或者不断积压，从而赶走我们的幸福与快乐，挤走我们生命里的新鲜空气。

梓晴在一家外企公司里面上班，可以称作是比较高级的白领一族。作为一个女孩她的事业可以说是一帆风顺，人生也应该没什么哀愁。但是了解她的人都知道她有着一大堆的委屈与苦水需要发泄，因为她觉得自己的人生中处处都是苦恼，特别是在感情生活里面。她跟别的女孩都一样，有着一颗敏感细腻的心，也在自己的心中不断地勾勒着自己的白马王子，但是已经接近30岁的她虽然一直在不断追寻着爱情，可一直都被爱情所伤，就像是这次，她的男朋友又跟她提出了分手，原因只是她太忙了，没时间约会。听了自己男朋友的理由，她还是想要尽力挽回，甚至说自己可以辞职，以自己的事业为代价，但是令她疑惑的是，他还是没有答应。在这次的分手中，梓晴可以说是让心中积累起来的所有的苦恼都爆发出来了，在生活上的不如意、在感情中的屡屡碰壁让她一时无法振作起来，并且有了轻微的抑郁症，并且工作也无法安心去做。在这样的情况下，有人建议她去给自己放个假，放松一下心情。

可能是听了别人的建议，也可能真的是被生活中的苦恼压得喘不过气，所以想要逃离，于是梓晴就来到了一个陌生的城市。虽然来到了陌生的城市，但是她的心还是无法平静，那些缠绕的

苦恼也没有消散。她带着这样的情绪走进了一家教堂，以为那个教堂中没有别人，所以就在教堂中诉说着自己的苦恼。可是谁知道那个教堂中并不是她一个人，有个牧师在角落里，只是她太过投入没有注意到牧师的存在。牧师在听了梓晴的哭诉之后，来到了梓晴的身旁，对她说："孩子，不要苦恼，你跟我来，我给你看一样东西。"虽然有点疑惑，但是梓晴还是跟着那个牧师走进了一个比较古旧的小屋，在那个小屋里面没有别的东西，只是在唯一的一个桌子上放着一杯水。然后牧师就对梓晴说："你看这只杯子，它放在这里很久了，几乎每一天都有灰尘落进去，但是它依旧是那么的澄清，你知道是为什么吗？"梓晴认真地思索了一下，她忽然跳了起来说："我懂了，因为所有的灰尘都沉淀到杯底了。"牧师赞同地说道："孩子，生活中的苦恼很多，有些事情并不是你不愿意就可以躲避的，如果躲避不开，那么你何必不用宽大的胸怀去容纳它们，慢慢地将它们沉淀呢？"梓晴听了牧师的话恍然大悟，才明白原来是自己将那些岁月里的苦恼都潜伏在了心中，并且没有进行沉淀，也无所谓化解，所以才会变成如今这样。后来，梓晴回到了自己的城市，回到了自己的公司，但是这次回去她有了很大的转变，不再被苦恼缠绕，而是找回了快乐。

因为看不开，因为在乎得太多，也因为这世间的事情将自己伤得太重，所以梓晴才会觉得人生中到处都是苦恼，她的生命也总是沉浸在黑暗之中。在听了牧师的话之后，她才懂得她的人生其实并不是因为苦恼太多而不能畅快，只是她不懂得沉淀苦恼，不懂得如何去看开发生在自己生命中的一切，所以才会背着沉重的包袱无法喘息，才会让那些生命中的苦恼不断地潜伏，占据自己的内心，才会在黑夜与白天被那些无端的苦痛折磨。

在我们的人生中可能有很多的人会像梓晴一样，觉得自己的生活中尽是苦恼，有时候想找寻一点快乐也无从找起。其实生活是怎样，只是我们自己的感受，生命应该以怎样的方式延续，也是我们的选择。如果我们选择在黑夜中抹着眼泪，让苦恼无边地包围，那么我们也只能于黑暗中在苦恼里不断地挣扎徘徊；但是如果我们选择在阳光下享受生命，在任何时候都能够用一种豁达的心态去走自己的人生，那么不管何时，不管发生什么，我们都可以看到生命中最灿烂的阳光，也可以在人生的路上看尽美好的风景。

心灵絮语

生命以一种怎样的方式存在，生活以一种什么样的形式前行，都是我们自己的选择。如果在生命中选择了苦恼伤痛，那么一路上我们只能让它们折磨自己的身心；而如果在生命中选择了幸福与豁达，那么不管遇到怎样的风雨，我们都可以看到绚烂的彩虹，潜伏在岁月里的那些苦恼，也会在不知不觉中消退。

记忆中的流年，安逸源自何方

随着时间的流逝，随着我们慢慢地长大，安逸似乎都是在梦里的事情了，生活中的纷纷扰扰总是搅得心灵不得安宁，甚至有时候连想安静地坐下来喝一杯咖啡都成了一种奢侈。在如此浮华的世间，安逸究竟在哪里？记忆中的流年什么时候能够重返？

在人生中可能很多人都会有这样的感慨：随着时间的流逝，似乎很多的事情都已经是记忆中的了，有时候想要去触摸也觉得离得太过遥远，最后只给自己留下一片凄然。其实在人生中，很多时候我们都只是在不停地奔波着，为了生活，为了事业，为了自己那些莫名其妙的梦想，脚步匆匆。有时候甚至会忘记自己是谁，但是一旦当我们的脚步慢下来，想要回头看看自己走过的路的时候，才发现身后的脚步已经消失得无影无踪，想要追寻也是枉然，所以只能让自己继续忙碌，让自己继续追寻，当然这样的人生也就慢慢地告别了安逸，所有的日子都只是成了流年。

每天被匆忙的脚步追赶，每天有做不完的工作等待着自己，每天有数不完的烦恼，这样的日子随着时针的不断转动也慢慢地在我们的生命中上演。有时候走在车水马龙的街头，看着一街的繁华，虽然耳边尽是人群的喧闹声以及车辆的鸣笛声，但是那从骨子里渗透而出的寂寞就像是暗夜里的魔鬼不断地啃噬着自己的心扉。有时候想问自己，这究竟是怎么了？难道在如此热闹的人群中也感受不到热闹的气氛？难道在如此繁华的街头还是无法找到归属吗？

的确，不管街头多么热闹，不管我们所处的城市是多么的繁华，但是那些繁华只是属于别人的，我们只能作为一种观看，并且有时候观看也是一种对于时间的浪费。因为我们想要的并不是繁华，也不是热闹，而是从心中散发出来的安逸，那种即使身处闹市也能够感觉到的心灵的宁静，那种在人生最开始的时候可以什么都不顾的无忧无虑，以及那可以为一件小事而没心没肺地开怀大笑。可是时光走掉了，很多的东西也不再了，那些日子终究是难以回去了，除非在我们的心中重新开拓出一片净土。

在自己的心中开拓出一片净土，不管外面的世界有多么的烦嚣，不管外面的街头上演的是怎样的剧目，只要我们能够守住内心的那份清明，那么所有的时间都不会变成流年，那岁月里的美好也不会在顷刻间化为虚无，当然我们也会慢慢地感受到生活的安逸，心的宁静。

将快要虚脱的身子扔在床上，还没来得及梳洗，谢晶就已经睡倒在了床上。这是她每天都在重复的生活。她在一家报社当主编，每个月都拿着令人羡慕的薪酬，这对于 28 岁的谢晶来说足以让很多的人羡慕乃至眼红。可是虽然她住着大房子，出去的时候也有自己的车子，但是随着年岁的增长，她越来越觉得自己很悲哀。身边

没有一个真正关心自己的人,每天都要想着如何去做好工作,承受着巨大的工作的压力,有时候连安心地吃一餐饭都是奢侈,并且慢慢地她也感觉到自己的身体在向自己敲着警钟。可是如此的生活能怎么样呢?她想要改变但却无从下手,有时候回忆起以前的日子,那时候虽然有时会为面包发愁,但是每天过得却很舒心,并且曾经在她的身边还有一个视她如宝贝的男友。但是如今呢,由于自己的任性,为了工作与男友分开两地,让别人有机可乘,所以现在虽然事业有成,但是在生活方面却是一塌糊涂。到现在她已经快一个月没有休过一天假了,每天都是如此拖着疲倦的身体迎接着每天的太阳,她真的感到厌倦了,这样的日子如果还要持续下去,那么她可能真的会发疯,她不止一次地这样对自己的朋友讲。其实她的朋友也只是听听,因为在他们的眼里谢晶就是一个名副其实的工作狂,她可以为了工作不顾一切。但是他们不知道的是谢晶这次真的是厌倦了以前的那种生活,她想要改变,想要让自己安逸下来,重拾以前的快乐。所以,她向自己的公司请了假,离开了自己所在的城市,来到了邻近的乡村,她选择在一户人家住了下来,每天都是日出而作,日落而归,单调但是单纯的日子,让她不想回去。在与村里的人的谈话中,她了解了何为生活,她还记得有个白发苍苍的婆婆告诉她说,生活就是为了很好地活着,如果你所拥有的生活连快乐都不能带给你,那么为何还要继续那样的生活呢?如果你的生活让你觉得只是劳累,只是疲倦,那么一生你都会在劳累与忧愁中度过的。所以她懂了,回去以后收拾心情,每天都要快乐地活着,不管做什么都要让自己的心觉得安逸,让自己觉得有归属感。

谢晶的感觉可能是在都市生活的很多人的真实感受，在每天忙碌的日子里丢掉了快乐，丢掉了安逸，有时候连坐下来安心地喝一杯茶都是一种奢侈，所以满心都是疲惫。可能有的人说是这个烦躁的城市让我们丢失了快乐与安逸，其实是我们自己丢掉了自己，是我们对自己的要求变得越来越高，是我们在不知足的欲海中不断地沉沦，是我们在愈来愈繁华的生活中丢失了自己，所以才会感觉到劳累，所以不管身在何处也感觉不到安逸，并且那些逝去的日子就像是记忆中的流年一样无法回转。

可是过去的日子已经逝去了，我们无法掌控，我们能够掌控的只是现在和未来的日子。当牛奶@咖啡组合用自己有点伤感又充满磁性的嗓音唱着《越长大越孤单》的时候，我们似乎也想到了自己人生中那些因为长大而付出的代价，那双被折断翅膀的梦想，那双已经丢失了的纯真的眼睛，还有那些曾经问了自己无数次的话以及越来越多的不安。但是此时此刻，我们的心不应该因为这首歌的伤感而伤感，而是应该想在长大以后的今天如何将自己的心变得欢欣雀跃起来，让自己的生活慢慢变得安逸，变得幸福。

心灵絮语

安逸是一种状态，其实又不仅仅只是一种状态，它是对心的一种释放，是对生活的一种尊重。现代的城市，人们的脚步过于匆忙，而那车水马龙的街头也太过喧嚣，所以那些安静而又美好

的日子似乎都只是停留在记忆中，有时候想要回想都无从触摸。但是如果我们能够给自己的心找到一片净土，能够在喧嚣中给自己找到一个宁静的归所，那么安逸就不再仅仅只是梦中之事。

浮华背后留存了多少无奈

很多东西，让人艳羡但是又让人沉沦，浮华如是。霓虹灯、高脚杯、璀璨亮丽的灯光以及那高低起伏迷离低沉的音乐，这一切就像是一个华丽的圈子，让人忍不住钻进里面。可是钻进去了，才知道一切只是浮华的表象，里面留存着最多的是无奈。

人的一生就像是一列长途客车，有始点也有终点，而在列车行驶的过程中我们会遇到很多。会有成功也会有失败，会有欢乐也会有痛苦，会有美好也会有遗憾，会有幸运也会有很多的无奈。特别是当我们身陷浮华，当一切都以一种我们无法掌控的方式向前行进的时候，我们更会感觉到无奈。

每天的灯红酒绿，每天的繁杂奢华，每天无止境地奔走与应酬，看似是我们想要的生活，其实在每次浮华散去、只留下一身的疲倦的时候才知道自己想要的根本无法拥有。就像当我们参加一场酒会时，虽然围绕在身边的是红酒香槟，虽然在人群中穿梭的我们感到了无上的荣耀，虽然在放着悠扬的音乐以及有着曼妙的舞姿的室内我们感受到了放松与欢快，但是一旦离开酒会，一旦离开那灯红酒绿的世界，一旦离开红酒香槟，我们的心就像被抽离了空气一样，因为那些应酬那些浮华，转身就化作了虚无，似乎在我们的生命中什么也没有留下，并且带给我们的也并不是欢快。

无奈我们的人生，无奈我们的命运，无奈我们的生活，这都是隐藏在浮华背后的阴谋。说是阴谋，是因为那些无奈可以啃噬我们的内心，可以让我们的灵魂颤抖；说是阴谋，因为我们的一生都会在它的掌控中，如果我们不是足够聪明，那么就只能被它玩弄于鼓掌之间，让自己的生命在一次又一次的希望与绝望中辗转；当然，说是阴谋，更是因为它能够掩藏在那些浮华的背后，给予我们迷惑，让我们深陷其中却不自知。

《北京爱情故事》里的伍媚，虽然她事业有成，虽然她让自己出现的每一瞬间几乎都是耀眼夺目，并且在商场可以说是遇人杀人、遇魔杀魔、所向无敌，但是当她遇到爱情，当她跟吴狄在一起之后，她才将自己真实的内心世界向他敞开，告诉了吴狄自己的无奈。每天那些纸醉金迷的生活并不是她想要的，她只是在害怕，害怕自己就那样变老，害怕每一次照了镜子之后看到自己额头又生出来的皱纹，她更害怕那每夜的孤独会将自己吞噬，所以她才选择了过灯红酒绿的生活，才选择了坚强的伪装。成功而又坚强只是外在的表象，也只是她无奈中的选择，她也渴望过舒

心的日子,也想拥有爱情,可是人生并不是我们想要怎样就可以怎样的,很多时候我们也会被自己的一些欲望所左右。就像伍媚,虽然她想拥有爱情,但是她还想成为北京分公司的总裁,所以她需要去拼搏,需要不断地去奋斗,需要在灯红酒绿的生活里面继续下去,需要丢弃生命中一些美好的东西,需要在浮华的阴谋里面不断地辗转。当然这些都需要付出代价,而这些代价很多时候是我们难以承受的,但是谁又知道呢?

不知道在我们的社会中会有多少人像伍媚一样,虽然知道深陷浮华只是一场空,但还是要去那样做,虽然知道浮华的背后只是一种无奈的选择,还要去那样执着地走下去。难道生命真的是我们不能够掌控的,难道我们真的无法脱离阴谋,只能被那浮华背后的无奈困住自己的脚步,让自己在那无尽的悲伤以及苦痛中不断地挣扎徘徊,找不到人生的出口?

其实不是的,浮华并不能掌控我们,无奈也只是我们自己的选择。人生还是要自己做主,我们也完全可以自己做主。只要我们能够让自己的心变得简单,只要我们可以用一颗明亮纯净的心去看待这个世界,只要我们能够阻挡住自己无尽的欲望,那么不管这个世界变得有多么的浮华,不管有多少的狂风暴雨涌入我们的现实生活,我们依旧可以阻挡,依旧可以让自己的心充满力量,依旧可以让无奈的心萌生希望,依旧可以让自己的人生安定自如。

就像有句话说的,不管何时只要我们拥有一颗宁静无波的心，只要我们拥有清醒的思维，那么就算是狂风暴雨，就算是地动山摇也无法动摇我们的心，也无法将简单与幸福从我们的手中夺走。不管是一个黄昏的午后，还是经过了一次暴雨的洗礼，这都是生命赐予我们的，只要我们能够用一颗安定简单的心去看待这些事情，只要我们能够在浮躁的世界中依然安详，那么生命中就不会有那么多的无奈，当然我们的心也不会因为那些无奈以及抱怨被深深地埋葬。

所以，人生是什么样子，很多时候都是我们自己的事情，跟别人无关，跟这个世界无关，更跟这个社会的浮华无关。只要我们能够守住自己的一颗心，让自己不管身处何地都能够安然自如，那么不管在怎样的情况下，我们都能够感受到快乐与幸福。也就是说，我们的生活怎样，我们的人生如何，跟浮华无关，但是如果我们的心在浮华中沉沦，那么留给自己的就只有无止境的无奈与哀伤。所以，让自己的心安定下来，找到一个栖息之所，那么人生就不会有那么多的无奈，我们的心也会因此而雀跃很多。

心灵絮语

浮华只是心灵的哀伤，在浮华的背后也只是对于生活、对于人生的无奈。想要真正地掌控自己的生命，想要在人生中找寻到一个心灵的栖息之所，那么我们就要将浮华看穿，给自己的心灵留一份安静与祥和。只有这样我们才能将生命中的那些无奈驱赶，才能够在每天看到光明。

躲在暗夜里的叹息情怀

　　夜是梦开始的地方,也是潜伏在心灵里面的各种情愫上演的时候。在夜里,往往隐藏着很多人的悲伤。但是有夜晚也会有白天,就算我们在夜里曾经是那样地叹息,在白天我们还是要面对自己的生活,继续过自己的人生。所以不管在夜里怎样叹息,我们都不要忘记在白天的时候,在太阳出来的时候积极向上,这样我们的人生才不会在叹息中虚度,这样我们才能看到最耀眼的星光。

　　人生中有很多的不如意,生活也给予我们很多的机会去奋斗,特别是在那寂静的夜里,当一切都以一种寂静的方式存在的时候,当我们被满腹的心事压得喘不过气来并且也不知道在哪里找寻安慰的时候,我们就止不住要去不停地叹息,似乎那些叹息会让我们把自己的沉重以及肩负在自己身上的担子稍微有所减轻,似乎那声声的叹息会随着气息的呼出而让我们的心灵变得纯净起来。

　　叹息是一种对于自己内心沉重的释放,当然躲在暗夜里的叹息也是因为不想让自己的沉重以及伤痛暴露在光天化日之下,不想让自己的伤口因为暴晒而变得溃烂。可是躲在暗夜里的叹息有时候也显得过于孤独，并且也无法根治我们的伤痛。就像我们经历了一场失恋，虽然在别人面前，我们可以装作若无其事，但是要知道那是我们真正的爱恋，而真心爱过的那个人离开了自己，这样的伤痛就算再怎么掩饰，也不可能瞬间离开我们的心扉。所以这些伤痛只能躲在暗夜中，在无人知晓的情况下进行自我医治，可是这种医治只能暂时让我们的心不再流血，想要痊愈却是很难。所以在暗夜中虽然可以隐藏我们的孤独与脆弱，虽然可以暂时抚慰我们的伤口，但是要彻底医治那些痛却需要我们将自己的心从暗夜中释放出来，面对阳光。

让自己的心从暗夜中释放出来，面对阳光，将那些躲在暗夜里的叹息都驱赶出来，那么我们会在阳光中感受到不一样的情怀，也不会让那声声的叹息在夜里将自己掩埋；让自己的心从暗夜中释放出来，面对阳光，我们会驱散心中的阴霾，也会让那些阳光真的照进我们的心里。

小青是一个很内向的女孩子，因为从小就失去了爸爸，跟妈妈一起长大，并且由于家庭情况不好，加上同伴们的嘲笑，所以她变得更加内向了，不喜欢说话，一个人总是寂寞地躲在角落里，就算旁边有很多的人，她也寂静得让人可以把她忽略。平时在学校里她总是形单影只，很多同学都觉得她很奇怪。其实她并不是一个奇怪的人，她心里也渴望着友情，渴望着跟自己的同学一起玩，一起上下课。但是她不知道如何表达，也不知道怎样做

才能让同学们喜欢自己,所以她只能自己躲在角落里孤单寂寞。其实很多人都不知道,包括小青的妈妈也不知道,在多少个夜里小青躲在自己的被窝里,不断地擦拭着自己的眼泪,她虽然只是一个十几岁的小孩子,但是她也会孤单,也想得到别人的关注。

总以为小青的日子就这么过下去了,她妈妈以及身边的人都知道小青似乎每天都过得很不开心,但是也不知道要怎么办,因为对于小青的开导好像于事无补。正在大家束手无策的时候,一个人出现了,她就是小青的新任班主任,她是一个刚从学校毕业、来到中学实习的大学生,在她的身上有着属于年轻女孩独有的气息,当然她还有着很多女孩所拥有的细心与耐心。看到小青的状态,她知道小青是由于长期把自己封闭在自己的世界中,同时又渴望着别人的关心,她就对小青进行心理上的辅导,在平时的学习中对小青分外关心,并且告诉全班的学生多和小青亲近,多和她玩,当然在生活中也对小青照顾有加。慢慢地小青的脸上出现了笑容,并且也可以看到她跟别的朋友一起玩的身影。小青的心结就这样慢慢地解开了,她在老师的关爱与同学的认可中寻回了快乐,也感觉到阳光真的照进了自己的心里,她感到温暖极了。

小青因为家庭的原因以及性格方面的问题,长期生活在自己的空间里面,感受不到任何的快乐,她在自己的世界中也看不到一点阳光。但是当那个关心爱护她的老师出现以后,她的生活有了很大的改变,那些躲在暗夜里的哭泣以及那些不开心都似乎一扫而光，她在老师的引领下看到了不一样的世界，她也在老师的关爱中感受到了温暖的阳光。在我们的人生中可能也会像故事中的小青一样，感到自己的世界总是黯淡无光，并且感受不到来自周围人的关心与关注，只能一个人躲在寂寞的角落里不断地叹息。但是我们要知道，叹息是没有用的，在暗夜中的叹息不会被人们知晓，对自己的人生没有任何意义，我们如果想要改变，就必须要走出那样的世界，迎接崭新的阳光。

走出灰暗的世界，丢弃那些躲在暗夜里的叹息，我们才能够让生命中的那些阴霾远离，也才能够感受到光明带给我们的惊喜。生活其实并没有我们所想的那样不堪，幸福对我们来说也并不是过于遥远，只要我们能够在绝望中找到希望，在痛苦中找到欢乐，在失望中找到坚强，那么即使我们身处黑暗的深渊，即使我们以前只是在暗夜里不断地叹息，只要我们能够走出以前的那个世界，迎接我们的必然会是灿烂，我们的生命也会因此而变得充实，时光也将不会再是虚度。

心灵絮语

叹息只是一种逃避，也是一种对于现实的妥协，如果我们只是一味地沉浸在叹息中，只是用黑夜作为隐藏，那么我们也只能被自己的心所束缚，永远也感受不到温暖的阳光，人生也只能就这样过下去。所以，想让自己的人生充满希望，想要迎接光明，那么我们就要拨开黑夜中的迷雾，驱散那些叹息，走出灰暗的世界。

拿什么抓住你，匆匆而去的日子

人生总有那么一些我们无法把握的东西，就像是那匆匆而过的日子。有时候觉得它在我们的手中，有时候却又觉得它离自己是那么的遥远，让我们无法抓住。但是生命终究是属于我们的，生活无论如何还是要继续，所以我们只能够抓住现在，活在当下，这样人生才会少留一些遗憾。

又一个黄昏，当夕阳吝啬地带走它的最后一抹光辉，整个世界变得宁谧而静穆，就像，一个老人的离去。这是一场葬礼，葬了蓝天，葬了白云，葬了白天的喧闹，也葬了我们那匆匆而去的日子。终究，心总是不甘的。于是，我们开始和自己较劲，想要用什么神符卷轴留住过往，留住那些年华里的泪水与欢笑。努力总是有收益的，就像诗人，拿了笔，沐着晨曦和晚风，写下一个灵动的世界，静静地躺在册页里，一纸感动的过往；就像画家，钉上画布，看着蝴蝶和枯叶，点染一轮斑斓的四季，脉脉地流淌在色彩里，一份美丽的过往；就像摄影师，端着相机，走过城市和乡野，留下一种真实的生活，大街小巷，原野山林，一份温馨的过往；而平凡的我们，也会叹息，也会怅惘，在某个黄昏或深夜黯然神伤，无奈地送走匆匆的日子。

直到后来的一天，诗人的册页遗失了，画家和摄影师的图画也已暗淡模糊，再也读不出一个完整的故事，再也找不到一个真实的世界，那时的我们，该去哪里找寻那些过往，那些日子？

曾经，有一个毕业后返校来看看的学长对一个大一新生说，你刚来，挺好的，写一篇文字吧，关于你的梦想和这所大学，这些陌生的人和新鲜的事，等到你要毕业的时候，再写一篇，那些熟悉的人和即将过去的事，和第一篇对比着看，那种感觉真的不错。新生只是满不在乎地应允，终究，未落一笔。他的生活就是那样按部就班地过着，而日子急水般匆匆而去。三年后的那个春天，当满树柳绿涤荡着一河清梦，当油菜花开氤氲着四野的绚烂，他心中却怅惘孤独起来。再有三个月就毕业了，一场告别，离了校园，离了熟悉的人。他想要抓住这匆匆的日子，可他束手无策。

这个时候，他才懂了学长那几句话，那是对于时间最好的诠释方式。不是简单的两篇文字，而是写下最初的印象后，有没有用心去寻找那种感觉，是写下最后的篇章后，有没有留有那么多不甘和遗憾。不是挣扎着去留住什么，而是以一份真诚去对待周遭的人和事，在流年里，用最真的心去体悟那些快乐忧伤，记住过往的，珍惜现有的。

心是最大的容器，能够装得下整个世界。所以，用最真的心去抓住匆匆而去的日子，去承接过往和当下。现实的日子里，总有那么多告别，我们告别一些人、一些事，也告别这现实的日

子，可未必就是人散曲终。心有牵挂，处处琴音。匆匆的日子，需要且行且珍惜。就好像冰心先生，世事沧桑，都凝固在《繁星》、《春水》里，像小桔灯一般，柔和而不激烈，没有所谓的惊天动地，只有对平凡生活的珍惜，却让无数人读懂了光阴的故事，读懂了爱的哲学。

按部就班的世界里，我们按部就班地生活着。当生活的一切已经成为一种习惯，我们便分不清昨天和今天，找不出理想和未来，心便被搁置了。只是无奈地数着日落，多少有些麻木地看着日子匆匆而过。其实，活在当下，我们可以做得更多。

有一个小沙弥名叫心通，他忽然厌倦起暮鼓晨钟的禅修来，认为时光过得太慢，当下的日子毫无意义，他急切地盼望自己早日成为一代法师。有一天他对道悟禅师说："我什么时候能像师父一样道行深远、德高望重就好了，那才是令人羡慕的人生境界啊！"

道悟禅师听后，未发表任何意见和看法，只是用手指指天边的一朵白云，对心通说："你看那朵云多么漂亮！"心通也附和说："真的漂亮！"然后，道悟禅师又指指一盆正在怒放的花说："你看那盆花，开得多鲜艳啊！"心通也附和着说："真鲜艳啊！"

过了几个时辰之后，心通把刚才的事情都忘了时，道悟禅师又忽然问他："刚才那朵漂亮的白云呢？""早已飘逝得无影无踪。"心通看看天边，顺口说道。

又过了不知多少天，当心通把白云、鲜花的事情早已忘到脑后时，道悟禅师又忽然对他说："你去把我那天指给你的那盆鲜花捧过来，我看开得怎么样了。"

心通赶紧去找那盆花，可是，那盆花的花期已过，只有发黄的枝叶了。

直到这时，心通才豁然顿悟：珍惜当下的每一分钟，心灵之花自然鲜明，生命之花自然葱茏。打开心灵的窗户，以一份淳朴的真诚，将今天过成一种真实和感恩，便不会在明天里遗憾过往，便不会在黄昏里叹惋流年。

时间是最伟大的行者，它的脚步坚实得像巨石，能将我们的生活踩踏得狼狈不堪，将我们的理想踩踏得支离破碎，将我们的生命踩踏得七零八落，亘古未绝。如果说，这是我们要用一辈子去参与的格斗，我们并非一定就是输家。

在匆匆而去的日子里，许下对生命的承诺，用真诚的心去承接过往和当下，最后会发现，岁月静好，一切存在都是那么真实，时间没有带走我们的美好，而且留下了那么多财富。于是，到暮年的时候，我们还能在黄昏时分像以往一样推开一扇窗，坐着摇椅，打开记忆的册页，还能和紫罗兰去讲那些时光，那些匆匆而去的日子。

心灵絮语

生命不是一道选择题，没有标准答案，每个人尽可以给出自己的解答，诠释出别样的经历。可是，只有最真的心才能抓住时

间，在生命之流里，投下一片清光，若风过疏竹，若雁过留影。只有最真的心才能绘出关于时间最美的图画，若水墨清晨，微雨淡笔，依稀，那时五月那时秋，一纸素描。

是谁的伤感在泪泉中涌动

在这个世界上没有不受伤的花儿，当然也没有一帆风顺的人生。成长本来就是一种痛，在开始的时候可能我们都会感觉到很轻松，但是当我们慢慢地走过生命，经过生活，才会发现有很多的痛苦与伤感，很多时候我们也不得不泪如泉涌。但是泪水过后，我们需要的是继续前行，坚强地站在生命的顶峰。

生命有时候就像是一条湍急的河流，在流逝的过程中我们可能会遇到泥沙，会遇到暗礁，也会遇到狂风暴雨，这些障碍以及困难有时候会让我们心痛，也会让我们感受到无尽的伤感，当然有时候无意间的触动，也会让我们泪流满面。但这都是我们的生命，也是我们的人生，如果我们能够勇敢地面对，能够正视人生中的这些暗礁，那么我们也会发现是生命中的这些东西让我们的人生变得更加宽广，而生命这条河流，也会因为我们心灵的洗涤变得更加的清澈。

就像在小时候，我们因为顽皮常常会被自己的父母责骂，有时候也会觉得小小的自尊心受挫，所以就哭了起来，但是在哭完之后，才发现自己有了一点点的成长，至少会控制自己不再顽皮，当然这个成长是自己用泪水换来的。那时候的哭泣虽然一样是流眼泪，但是与长大后的流泪不同，那时候的流泪要么是觉得委屈，要么是因为做错了事情挨了骂心里不舒服，但是长大了以后的泪水，却不是因为委屈的堆积或者是觉得心里不舒服而流出的泪水，更多的时候是更深的感情的激发或者是生命中无尽的伤感的爆发。就像是在经历了一场苦难之后的痛哭，或者是在经历了一次感情的挫折之后的不甘愿，这时候的眼泪中包含着无尽的伤感以及对于人生的无奈与生命的感慨。

　　但是生命中的那些痛，也并不是一直都是痛，慢慢地就变成了以后人生中的财富。因为那一次又一次的泪水，因为那一次又一次内心的抽痛，让我们学会了成长，让我们在痛苦中明白了人生的意义，也知道了生活的真实模样，当然也教会了我们如何处世为人，让我们在这个世间坚强独立地生活下去，成就自己的人生。

　　2005 年 4 月，美国的一所国立中学中，有一个名叫云飞的男孩子报名参加了学校组织的演讲比赛。对于这样的决定，班里的许多同学都表示意外，因为云飞生性腼腆，在班级里面也不爱说话，见到陌生人都会脸红，特别是如果哪个女孩子与他对话，他总会鼻子尖朝下低头沉默。大家心里也清楚，这样内向的一个孩

子，报名参加演讲比赛，结果可想而知。对于云飞的报名，班长表示怀疑，因此没有将他的报名送给教导处。云飞知道这个消息后，怒火中烧，直接去找教导处主任威尔斯，向他陈述自己的看法，这样，他的名字才得以补充到演讲比赛的名单当中。

比赛当天，云飞的演讲却出了岔子。他上台以后，面对着台下黑压压的观众，一时讲不出话来，词也忘得一干二净。面对这样的情况，同学们哄堂大笑，因此他变得更加的紧张，最后无奈之下，他眼里噙着泪花，当着所有人的面冲出了学校的礼堂。

在学校礼堂的表现，让云飞的心理受到了沉痛的打击，所以他这几日郁郁寡欢，并且还萌生了回国的念头。就在他收拾行装的时候，威尔斯邀请他去郊外春游，他惭愧地接受了邀请。在野外，到处都是山花烂漫。威尔斯对于云飞那天的行为并没有埋怨，只是低着头观赏脚下的鲜花朵朵。云飞虽然想解释什么，却一时不知从何说起，因为在他的心里满满的都是忧郁。

这时候威尔斯看到了一簇鲜花，于是跑过去观赏，但他仔细地看了花后却摇摇头，对云飞说道：你看这朵花，这么美，可是却有虫子咬伤了花瓣。云飞有些云里雾里，他随口问道：这么漂亮的花，也会受伤呀？

威尔斯笑了：你可以检查每一朵花，世上并没有不受伤的花，每一朵花一生下来，要么面对虫子的叮咬，要么面对狂风的怒吼，或者会有病原侵蚀它的肌体。

云飞按照威尔斯的指点，去观察每一朵花，看上去鲜艳无比的花，果然无不伤痕累累。云飞若有所思，觉得似乎有一些东西敲开了自己紧闭的心门，并且以前的那种伤感与阴霾似乎也一扫而光了。回校后，他开始报名参加学校组织的各项比赛，虽然每一次总难逃失败的厄运，但他却一天天成熟起来。在第二年春天，学校组织的演讲比赛上，大家见到一个与昔日有天壤之别的云飞，他的演讲博得了满堂彩，毫无疑问地得到了比赛的第一名。

　　性格内向的云飞，虽然想要改变自己而去报名参加了演讲比赛，但是由于性格方面以及在经验方面的问题，导致他在学校的礼堂上的尴尬逃离。这件事深深地刺痛了他的心，让他沉浸在伤感的情绪中，当然也让他萌生了逃离回国的念头。但是在威尔斯的启发下，他终于明白在这个世界上没有一朵不被虫咬不受伤的花朵，在这个世界上也没有不受伤的人生。人生中的那些痛苦与伤害，还有那些伤感的泪水都是命运赐予自己的礼物，如果能够在这些泪水与痛苦中找寻到出口，那么人生也就不会虚度，当然那些我们所向往的成功也会通过自己的努力慢慢地变为现实。

　　没有一个人的人生是不承受痛苦的，也没有一个人的人生没有任何的伤感以及泪水。所以既然无法逃避这样的命运、这样的人生，我们何不去勇敢地接受，在苦痛中感受真实的人生，在感伤中不断地坚定自己的信念？可能在我们坦然接受命运给予我们的这一切之后，才会发现意想不到的礼物已经出现在了我们那些伤感以及泪水的尾巴上，我们已经在这些礼物以及人生的赠送中得到了救赎。

人生中有时候很多的事情只能感伤不能苛求,只能不断地前进而不是倒退。因为如果苛求如果后退,我们还是得不到自己想要的人生,并且如果不计后果地去追逐,那么也只能让自己一身疲惫,并且错过生命中最美好的东西。但是,如果我们能够将生命中的那些痛苦以及阻挠不断地进行升级,那么我们可能会在那些苦痛与困难中找寻到不一样的人生。

心灵在印证的岁月里凋谢

不管何时,人们都想让自己的生命充满唯美。就像是在生的时候想要如夏花一般灿烂,在死的时候能够像秋叶一样静美。但是人生中并不是一切都能够如我们所愿,很多事情也并不在我们的掌控之中,而当我们无法逃离命运给我们的伤痛以及阻碍的时候,心灵也会在那些充满印证的岁月里慢慢地凋谢,但这并不是我们所愿,所以我们只能不断去改变自己的人生。

人生有时候就像是一次徒步旅行,会走很远的路,也会跋涉很久，但是当身边的景色慢慢地逝去，当所走的路变得越来越崎岖的时候，我们的心灵有时候就像是缩了水的橘子一样，慢慢地失去生命力，只能等着彻底枯萎的那天的到来。可能有的人会说我们的身体还年轻，不应该让自己心灵的花朵在这样的岁月里任意地凋谢，我们的人生应该是如夏花一样地灿烂，如春草一样地充满生命的力量。

的确，我们还年轻，只要活一天就应该以年轻的心态去面对生活，去享受自己的人生。可是还是有太多的人不懂，虽然他们拥有着年轻的体态，虽然他们拥有着健康的身体，虽然他们拥有着别人所没有的一切，但是他们的心灵还是如那枯萎的花朵一样，没有任何的绚烂与多彩，每天都沉浸在哀伤以及抱怨之中，每天都在匆忙与无奈中徘徊自己的生命。其实是否幸福、怎样的心灵、怎样的人生历程都是我们自己的选择，如果我们在自己的一生中选择简单快乐，选择坦荡豁达，那么心灵也不会在印证的岁月里凋谢，当然我们的生命之花不管在哪个季节都会开得异常绚烂。

秋芳一个人在大城市里生活，有一次回老家探亲，偶然遇到了多年未见的儿时玩伴。彼此都感到惊喜，于是便相约彻夜长谈。在交谈中，她得知自己的伙伴经受了许多苦难，但是令她困惑的是她未能从儿时玩伴开朗的笑容中发现丝毫痕迹。她早年丧母，全靠她帮助父亲把三个弟妹供上大学。后来嫁人了，又遭遇家婆病重，病愈后却瘫痪了。丈夫是个乡村小学教师，收入不

多。她本人开始时也只是一名代课老师，工资就更低了。为了支撑这个家，她向村里人要了人家不愿耕种的田地，下课以后就去侍弄，自己吃不完的还可以拿到市场上卖。晚上不但要备课，照顾家婆，还要安顿两个年幼的孩子。再忙再累，她也没有因为家而拖累工作和学习。她的学生评比年年第一，有空的时候，她还会带着孩子去远足、去郊游。今年她还参加了民办教师转正考试，考了全县第一。

在交谈中秋芳问她，会觉得辛苦吗？她爽朗地笑了，然后说，虽然清苦些，但很踏实，很满足。听了她的话之后，秋芳感觉到自己的心有了一丝震撼，似乎心里面一个小小的东西被打开了，她也突然感觉到了无限的悲哀。

秋芳在以前回家的时候，乡里的老人总会半开玩笑地说她，能轻松地生活在城里，是多么幸福。想到生活得不如自己的熟人，当然她偶尔也会沾沾自喜。然而，在儿时玩伴的面前，所有的优越感荡然无存。秋芳也不敢跟她讨论：到底什么是生活，什么是幸福？

而儿时玩伴的辛苦与苦难，却让秋芳有点向往，因为她对生活的满足，还有面对那些苦难的豁达。因为，她发现不管生活如何，在儿时玩伴的心灵里一直盛开着最绚烂的花朵。

在我们的人生中，很多时候生活只是那一杯平凡无奇的水，但是里面的味道是苦是甜就需要我们自己用心去品味。如果我们品味的是甜味，那么生活也就是甜甜的，如果我们品味出的尽是苦味，那么生活也不会变得甜蜜。秋芳的那个儿时玩伴，虽然她的日子一直过得辛苦，她在人生中也承受了很多的苦难，但是由于她对生活的热爱，对人生的满足，她的生命中充斥着幸福，她的心灵一直盛开着最绚烂的花朵。

物质的满足并不一定带来心灵的满足，身体上的苦难也不会让我们的心灵凋谢，除非在我们的心里住满了欲望的因子，在我们的意念里永远都隐藏着对生活的抱怨与谩骂，这时候我们的心灵才会因为不堪重负而慢慢变得枯萎，当然我们也就永远都追寻不到真正的幸福。其实在我们的人生中，幸福很简单，只是很多时候我们在忙碌与喧嚣中忘记了停留，忘记了给自己一点时间去体味生活，忘记了给自己的心灵放一个假，让它去自由地呼吸新鲜空气，当然我们也忘记了适时地给自己的心灵注入养分，让它在不该凋谢的岁月里绽放出光华。

心灵絮语

在我们的心灵里，曾经有多少花朵在不断地凋谢，在我们的抱怨与哀伤中有多少日子一去不返而不自知，我们只知抱怨生活为什么是那么的不如意，而不去尝试改变。其实人生就是一次漫长的徒步旅行，在这次旅行中所有的困难与险阻都需要我们自己去克服、去超越。只要克服了超越了，那么我们将会抵达另一个鲜花灿烂的人生彼岸。

在纷繁间追逐时光印迹

如果用两个字来形容人生，那就是纷繁。纷繁的日子，纷繁的时光，纷繁的梦想以及纷繁的追逐。但是人生不管是纷繁还是简单，不管是辉煌还是落魄，都需要我们自己去过，因为那是我们生命的一部分。只要我们能够迎向各种挑战，克服各种挫折，追逐时光的印迹，秉着自己的心去过，那么人生也会充满意义。

记得有句话是这样说的，在我们的一生中美好的就是时光，而煎熬的则是日子。但是，在我们现实的生活中其实很少有人喜欢说自己过的是时光，只会说自己一直在追逐时光，也会说假如时光可以倒流等的话，但是对于日子则会说得很多，只要我们注意就会经常听见这样或者那样的抱怨：我这是过得什么日子啊，这样的日子什么时候才是个头啊，等等。其实时光跟日子只是感觉的不同，它们都是我们度过生命的方式，只是在很多时候我们赋予了它们不同的意义。

就像是在纷繁的人生中，我们总喜欢抱怨日子过得糟糕，不管是真的糟糕还是假的糟糕，似乎那些抱怨都成了一种戒不掉的习惯，总是在生活中不断地上演。而有时候当我们回过头来看自己走过的路时，偶尔地也会找寻到一些时光的印迹，在那些时光中隐隐约约我们还会看到自己曾经的笑容。当然在这些笑容中，我们也会窥探到自己以前所拥有的幸福，然后再看看如今过着的日子，突然会明白原来一切我们都曾拥有过，只是在拥有的时候并不自知，所以只能在繁华过后去追逐时光的印迹。

其实，在我们的人生中，不管是在过日子还是在度时光，我们都需要用一份美好的心情去对待，而不是边生活边分辨究竟什么时候是美好，什么时候是糟糕。当然对于自己人生中的一切我们也应该坦然地面对，不管那些东西对我们来说是美好的还是充满挫败的，会给我们带来伤害还是会给我们带来幸福，我们都需要去勇敢地面对，只有这样我们才能够在纷繁中感受到人生的五味陈杂，当然也才能够捕捉到时光的印迹，在某一天回过头来看自己走过的路时才不会感觉到遗憾或者后悔。因为不管是怎样的人生、怎样的一条路，至少我们都真心地追逐过我们想要的幸福。

日子虽然纷繁，我们的人生虽然在不断地经历着这样或者那样的考验，但是不管怎样，如果我们能够在这些纷繁与考验中顺从自己的心意，不去为了别的一些原因违背自己的心愿去做事，那么不管在多少年以后我们都会发现，当初自己追逐的时光是正确的，因为在那些追逐中我们收获了人生的幸福。

心灵絮语

在我们的人生中可能会出现很多的困难，有时候也会出现一些绝路，但是，如果我们能够坚持下去，那么在转角的时候也许

会发现还有出路。日子不管是纷繁还是简单，生活不管是顺畅还是艰难，只要我们能够不断地去追逐，不断地去努力，那么美好时光的印迹肯定会被我们注入到自己的生命中。

年华无声，怎样过最值得

年华就像是那无声而过的流水，在我们不知不觉间就会流失掉。可是在这短暂的年华里究竟怎样过才是最值得的？是捧着自己的梦想不断追逐，还是及时地享受现有的幸福，是沉醉在灯红酒绿的世界中，还是每天享受生活的平淡？其实不管是怎样的人生，只要我们能够在每走出一步的时候都不后悔，能够按照自己的心意走，那么无论是怎样的年华都是值得过的。

在这个世界上没有相同的两片树叶，也没有完全一样的人生。每个人都有着自己的个性与特点，也有着自己的生活，当然也有着自己的人生目标与追求。但是不管是怎样的不同，每个人都希望自己的人生能够过得充实，都希望能够在走完一生的时候觉得了无遗憾，也就是说，在一生中人们都在想着自己的人生应该怎样过才不算是虚度，才觉得自己的一生是值得的。

怎样走过一生才觉得最值得，每个人都有自己不同的见解。

有的人觉得在一生中只要自己在乎的人健康平安，能够携手自己最爱的人走过一生，那么就是最值得过的人生；有的人觉得只要自己的梦想能够完成，在追逐梦想的路上即使有很多的艰难与困苦，只要是实现了，那么也是最值得过的一生；也有的人觉得在自己的一生中只要拥有足够的金钱，即使没名利可以双收，那么也是最值得的；当然也有的人觉得在一生中要为祖国、为自己的民族作出一定的贡献，这样的人生才是最充实最值得的。每个人都有着自己不同的人生观以及价值观，在每个人的心里也有着不同的在乎的东西，所以每个人对于人生的定义也就不同，他们对自己的要求也就不同。其实在我们的生命中没有什么年华值不值得过，主要的是要看自己的心在乎的是什么，自己究竟有没有达到心中的目标。

就像对于一个追求梦想的人，如果在他的一生中为了自己的梦想奋斗到终点，并且也完成了，那么他觉得他的一生是最值得的，因为他顺从了自己的心愿，不管过程是多么的艰难，他还是无怨无悔。所以，在我们的生命中不要去片面地衡量自己的生活过得怎么样，也不要看着别人的幸福忽视掉自己的日子，我们要有自己的想法，有自己对于人生的要求，只要我们达到了自己心中所愿，那么人生就是最值得过的。

白天，她是个女佣。臃肿的身材，蓬乱的头发，指甲缝里都是黑泥，她干所有的杂役，并经常遭到房东太太尖声的催租和谩骂，她被生活压得喘不过气来。但每当夜晚来临，在她破旧的小

屋里,在昏暗的油灯下,她趴在地板上细细地勾画着一幅幅画作——这是她一天中最快乐的时光,让她忘记了劳累和疲惫。

她没有画桌和画布,连颜料都是自己利用河底的淤泥、路边的野草、教堂的烛脂、动物的血、面包屑调制的"独家配方"制成的。她以手指做笔,在一块块小木板上,画着只属于她自己的画。就在法国桑里斯小镇上,她的人生就这样孤单地走过了50年。没有人理会她,人们只知道她是杜佛夫人家的帮佣。

1914年的一天,德国知名艺术评论家伍德在杜佛夫人的晚宴上,无意中见到被随手丢在角落的一块画着苹果的小木板:它静静地站在墙角,丰饶的颜色赋予了它喷薄欲出的生命力。无比惊讶的伍德急忙打听作者的名字,杜佛夫人轻蔑地说:这不过是家里一个叫萨贺芬的女佣画的,她可从来没学过什么绘画。

伍德当即买下了这幅画。他找到萨贺芬说,你是一个才华横溢的女画家,我要资助你学画,将来为你在巴黎举办个人画展。

可萨贺芬的好运刚刚开始,命运就对她开了一个残酷的玩笑,"一战"爆发了,德国军队打进了法国。伍德被迫逃离法国前告诉萨贺芬,希望她一直坚持画下去。她越来越老了,很多人不愿雇她干活。她每天只吃一顿饭,靠着人们的施舍勉强度日。尽管生活如此艰难,窗外战火纷纷,但萨贺芬就像忘记了一切,每天坚持画画。

13年过去了。伍德再次来到了桑里斯小镇,看到一个画展上写着萨贺芬的名字。他想不到她居然还活着。来到萨贺芬那间破旧的小屋,里面堆满了一幅幅姿态各异、色彩艳丽的画作,它们就像精灵，赞叹着女主人的坚强和执着。萨贺芬说："先生，您知道吗？执着于自己的作品，在锅里也能找到上帝。当我悲伤时，我会去野外摸摸树，和花鸟说话，一切就会好的。"

在伍德的资助下，萨贺芬第一次购来亮晶晶的银器，第一次有了宽大的画室，她为巴黎画展开幕给自己定做了一套一生中最昂贵的纱裙。然而命运似乎又一次捉弄了萨贺芬。就在画展前夕，史无前例的全球经济危机爆发了，萨贺芬的作品突然没有了买家，而且伍德的个人财产也被法国政府没收。痛苦失望的萨贺芬又重新回到了破旧的小屋，昏暗的烛光里，她握着画笔，疯狂地涂抹着。

1942年，萨贺芬在疗养院寂寞地离世了。1945年，在伍德的努力下，萨贺芬的作品终于在巴黎和世界各地展出，萨贺芬一举成为法国现代原始画派的著名画家。

因为有自己的梦想，因为执着于自己的梦想，所以就算生命中有很多的不如意，就算生命在一次又一次地跟她开着无聊而又让人难以接受的玩笑，她还是相信只要自己执着于自己的作品，那么在锅里她也能找到上帝。当然她的一切努力都没有白费，虽然她以前只是一个身材臃肿并且被别人谩骂的帮佣，虽然她在年老以后只能靠着别人的施舍度日，但是她的一生还是有价值的，她的年华没有虚度，因为她有自己的梦想，并且为自己的梦想努力了一生。

其实人来到这世界上是一次偶然，但是死却是一种必然。在

短暂的年华里怎样才能让自己的生命过得充满意义，怎样让自己在死去的时候嘴含轻笑，这可能是我们穷尽一生所要追求的。有的人想要完成自己的梦想，有的人想要牵手最爱的人平淡一生，有的人想要有所作为，名利双收，当然这些都是我们的愿望，只要我们能够为自己的这些愿望不断地努力奋斗，那么我们的年华就不会是虚度，当然我们也会找寻到人生的真正价值。

心灵絮语

　　人生就是一次心灵的旅行，怎样让自己的人生过得最值得，其实就是怎样生活才让自己的心灵得到最大的欢快。当然每个人都有自己不同的想法，也都有自己不同的作为。只是我们要知道，人生本无定论，每个人都是独立的个体，所以只要满足自己的心灵需要，实现自己的愿望，那么这样的人生就是最值得的。

第二章　这辈子究竟能留下什么

　　人生中，总有一些东西是我们所追逐的，也总有一些事情是我们所不能放下的，当然还有着一些梦想以及目标是我们难以达成的。但是时光匆匆，我们所拥有的时间太少，如果我们每天只是用叹息书写自己的生命独白，每天回忆着那些已经逝去的往事，并且让悲伤逆流成河，那么我们就只能被这些人生中的困惑以及孤独主宰，那么在这匆匆的一辈子中，我们也就什么都留不下。

别用叹息书写生命独白

　　在时间的大钟上，只有两个字：现在。刚在你叹息的时候十二点的钟声响了，可当你想再听到它的声音时，只能是第二天的同一时辰了。时间，每天都是 24 小时，可是一天的时间给勤勉奋斗的人带来的是智慧和力量，给一味叹息抱怨的人留下的只有悔

恨。很多东西就是这样,你不去珍惜自然有人会珍惜,你对它视而不见,自然有人会视它如生命。既然是这样,为何不早一秒醒悟,却要给自己多一秒的自责呢?

来到这个世界的人,没有谁的道路是直通幸福之门的。人都说"人活一生,不如意之事十之八九",关键在于自己怎么看这些事。也许你叹息是因为刚经历了一次不成功的高考,你无法正视那些关切你的目光,你没有办法接受这个失败的自己,那为何不给自己一个重塑自我的机会,做心目中那个自己期盼成为的人呢?将这次的失利结结实实地踩在脚下,随时给自己动力,你就会知道,你没有理由不成功。

也许你叹息是因为自己愿意用生命去保护的姑娘今天却要离开你了,你伤心绝望,其实没必要,因为她失去的是无价的,没有什么能比生命更珍贵,而你失去的只是一个不爱你的人,得到她你不一定会幸福,倒不如坦然面对,很绅士地跟她说一句:"祝你幸福。"说不定真正适合你的人就在下一站静候你的出现。

也许你叹息是因为自己不幸失去了双腿,这的确对你的打击很大,难道就因为这样,你就要选择一直沉沦酗酒、寻死觅活吗?要是这样你对得起谁?你没了双腿,但还有两只手,还有健全的头脑,谁敢说你没有成功的一天。虽然亲人朋友会给你极大的慰藉和鼓励,但能使你真正变得强大的人仍然是你自己,没有人能阻止你成功,除非是你自己不愿意。

苏秦是东周洛阳人，《三字经》中宣扬的具有苦学精神的"头悬梁，锥刺股"的人就是指他。那么是什么让他下定决心，苦苦求学，不惜用"锥刺股"的残忍手段对待自己的血肉之躯呢？是尊严。春秋战国年间，诸侯混战，都想统一中国大地，坐上天下唯一的皇帝的宝座，但是诸侯中实力最强大的显然是秦国，苏秦就告诉家人说，他想让齐、楚、燕、韩、赵、魏六国联合共同对抗秦国，这就是他的"合纵"思想。当然，他的家人没有一个站出来支持他，告诫他说，一个穷老百姓还是老老实实读书，到时候能混个一官半职也算是祖上显灵了，别再异想天开。然而苏秦并未听劝，带着包裹塞了些干粮就开始他的游说之路了，情况正如他的家人所料，因为他只是民间的一个乡下书生，没有背景，没有推荐的书信，想要见到诸侯王根本没可能，再加上自己肚里仅有的那点墨水，哪够得上让诸侯王看一眼呢？这样，他跑了六个国家，没有任何一个国王愿意接见他，游说多年之后，仍是一无所获，最后穷困潦倒，不得不回家休整。回到家门口，妻子正在织布，阔别多年，对他却无半点思念，头也不抬，继续织她的布，这时嫂子来到院中，他想既然妻子对他这般冷淡，不然央求嫂子给他做碗面，好让他安慰一下多日米水未进的空腹，然而嫂子更是无情，说她不认识这个穷叫花子，所有人都挖苦他说："正常人都知道，农耕和工商是财富之道，可是你连最基本的东西都没有抓住，反而自以为是地去卖弄口舌，怎么可能不穷困潦倒呢？你现在这副德行，真是活该呀！"自己的失利没有得到最亲家人的安慰，反而落井下石，这让苏秦情何以

堪！家人尚且如此，那旁的人又会如何看他呢？成天地唉声叹气只会让人更加瞧不起，于是苏秦重拾信心，总结自己多年来的经验和失败教训，最后选择了实用性较强的周书《阴符》，伏案研读，"锥刺股"的故事从此上演。一年后，他终于读出了治国之道，于是走出房门，第二次重游诸侯各国。游说中他主要引用书中的离间计，终于，六国合纵成功。苏秦做了合纵联盟的盟长，同时挂六国相印。苏秦的兄弟、妻子和嫂子都去拜见他，慑于苏秦现在的声势，他们低眉顺眼不敢抬头，都俯伏在地上，伺候他吃饭，苏秦笑着对他嫂子说："想当初你对我那么傲慢，现在却为何如此谦恭呢？"嫂子弯腰匍匐在前，脸贴着地谢罪说："因为我看到现在的小叔子地位高贵，家财万贯。"苏秦听了，不无感慨地说："同样一个人，一旦富贵，连亲戚都敬畏我；而贫贱的时候，他们都轻视我！"

故事中的苏秦，当他穷困潦倒的时候，当他的人生跌入低谷的时候，他想要别人的安慰，但是别人给予他的并不是安慰，而是无视，是嘲笑。他的叹息、他的抱怨只给自己带来了失败，所以他才决定脱离那些失败，走向成功，当然，当他走向成功以后，一切都似乎变了一个样子，他不再是别人眼里的贫困潦倒相，也不会让别人嘲笑轻视了。

所以，你还要继续叹息吗？我相信你不会的，因为你想要活着，因为你想要活得有价值，因为你并不是一个愿意屈居人下的人。那么，从这一刻起，结束你的无病呻吟吧，将所有的不如意统统打包，丢进回收站，来个彻底删除，因为它没有继续存在的价值了。

没有谁的时间是可以倒回过来，让它可以再被利用一次的，失去的只能在之后的岁月尽力弥补，所以再别给自己增添自责的因素了。用叹息书写自己的生命独白，那么生命中就只能剩下叹息与抱怨，相反地如果我们用奋发向上，用积极乐观去书写自己的人生独白，那么我们人生将会是一个又一个的辉煌与灿烂。

万物各得其所，哪里才是心灵的归宿

春天来了，花草们伸伸懒腰睁开双眼，看到了鲜活的自己，它们要开花了，要结果了，因为它们知道秋天是它们的归宿。天气开始转冷了，部分动物忙着储藏食物，因为冬天到了，它们该冬眠了，这里是它们的归宿。人类也是一样，过了耄耋之年，也要想想把这一身的疲惫寄予何方了，可谁又清楚地知道，自己是不是给了心灵一个归宿呢？

　　心是我们每个人的主宰，如果我们让自己的心备受煎熬，那么不管我们拥有什么，不管我们去做什么，都会找不到心灵的归宿。也就是说，不管在社会上扮演何种角色的人，有时候我们都会给自己的心灵上一把锁，这把锁或大或小，或解或不可解，很多时候都要看我们如何处世。

　　残言断章，琉璃碎影，秋风迟语，何事悲欢由自取，如果给自己的心灵一个独立的空间，在这个空间里可以畅所欲言，自由行走，那么不管前路怎样我们都可以找到自己的方向。相反，如果我们将自己的心锁起来，那么即使前路是彩霞满天，即使是鲜花铺满路，那么我们也不会走得舒畅，并且也不会真正感受到生命中的满足。

　　文慧是 G 地琅琊公司的销售员，因为人老实肯干，加上勤奋好学，不到两年的时间就上升为公司的一级销售，当然人也就开始有点飘飘然了。虚荣心渐渐滋长，就像是抹在耳朵后面的那一滴香水，气味没法控制得向四处扩散，公司同事的小恩小惠她欣然收受不说，为了满足她对金钱的欲望，她开始联系别的销售公司的高级销售人员，出卖自己手头的客户资料，获得高额报酬，时间一长，胆子也越来越大，随着与之成正比例增长的金钱欲望更是肆无忌惮地膨胀。与她同在一个部门的凯发现了她这异常的变化，最后摸清原委后就跟文慧摊牌，规劝她收手。当初他俩是一同进的公司，两人互相勉励，共同进步，时间一长，凯就对文慧产生了感情，可随着文慧一步步高升，凯不敢奢望文慧降低身份跟他恋爱，于是就将这份真情深埋在心底，只是时时刻刻默默关注着文慧，希望自己随时可以任她差遣。正因这样，他才是第一个发现文慧有异常举动的人。刚开始，文慧利用凯对她的爱，故意跟他亲近，希望凯能保守秘密，总是在说，这是最后一次，最后一次。然而一个月两个月过去了，文慧不仅没有收手，反而将自己公司的一份高级文件卖给了他们的竞争对手，这次给公司造成了近百万损失，文慧怕凯揭露自己，就反咬一口，说她亲眼看见凯进过董事长的办公室，以为是董事长有事找他，也就没多想，谁承想他是偷了公司的文件拿出去变卖。董事会成员气急败坏，本想要报警，但念在凯平时对公司做过很多大型企划的分上，加上众多员工为凯求情，最后董事会手下留情，就让他离开了公司。凯虽然失去了工作，但只是临时的，凭着他的人品和术业有专攻的能力，很快在J地面试了一家大型企业公司。整件事让他成长了不少，教会了他如何看人，更教会了他如何做人。他为自己一心倾心于文慧这样的人而羞愧不已。他还记得临走时给过文慧的两个字："收手！"希望她能好自为之，知道悬崖勒马，毕竟是自己深深暗恋过的人，他不想看到她坐牢，然而他并没有看到文慧有后悔之意，哪怕是一星半点的羞愧！同时也就在那一刻，文慧失去了凯对她所有的爱。凯走后，公司的销售额一日不如一日，很大原因是因为被文慧卖掉的那些资料上的客户被别的公司挖走了，文慧的业绩也越来越差，她再没有抓到过新客户，手头的客户资料已经被她卖光了。一次文慧随董事会成员在饭桌上一同接见竞争对手，不料几圈下来，对方的销售主管就把持不

住了，喝得不知东西，随后就说他能晋升如此之快全是仰仗文慧，然后断断续续道出了事情的前因后果，文慧见事已败露，忙落荒而逃。这让董事会成员在吃惊之余更多的是痛心疾首，他们不仅冤枉了凯，还步步提升这内贼，对她事事信任！一小时后，文慧被带到了公安局，接受惩处。夜间下起了小雨，文慧背靠着冰冷墙壁环臂蹲坐在房间的一隅，她的思想一会儿活跃，一会儿又如一潭死水，没一点动静。她不确定自己是否还活着，她失去了曾经拥有的一切，她的思想开始了假设。假如她没干有损公司利益的事，假如在凯好言相劝时她收了手，假如那次她没栽赃凯而是自己承担了罪责，假如她没有爱虚荣心的驱使，而是接受了深爱着她的那个人的爱，假如……

　　其实人生是没有假如的，人生也不售回程票。面对金钱经不住诱惑，文慧让自己的心跟随行为一起漂浮，直到连带它也被铁门铁窗包围。难道这就是她一直想要追寻的归宿吗？显然不是的，她也想坦然行事，她也想睡个踏实觉，而不是每天贼头贼脑、提心吊胆。可能当她仰头看着铁窗外的点点繁星的时候，心境反而会平静下来，至少从此以后她不会再被噩梦吓醒了。其实在文慧的心里最痛的并不是自己丢掉了工作，而是永远失去了那个一直默默关心她却被她伤得最重的人，当然也就让她的心一直都没有归宿。

　　心里有春天，心花才能怒放；胸中有大海，胸怀才能开阔；腹中有良策，处世才能利落；眼神有机警，目光才能敏锐；臂膀有力量，出手才有重拳；脚步有节奏，步履才能轻盈。如果你想快点成名，那么就得慢点睡觉；如果你想快点长智，那么就得慢点骄傲。很多时候，清醒比聪明更重要。故事中的文慧在欲望中迷失了自己，给心灵上了锁，以至于最终自食恶果。其实，在人生中五官的刺激，还有那些无尽的欲望都不是真正的享受，内在的安详才是我们的心灵归宿，才可以让我们在一生中潇洒从容。

心灵絮语

环境似云，有聚的热烈，有散的寥落；心静如水，有静的轻柔，有动的汹涌。给自己的心灵寻一个去处，别让它每天诚惶诚恐，不知归处！不妄求，则心安，不妄做，则身安。

抹去往事，挑起人生的重量

往事只是过去累积的记忆，在这些记忆中可能有我们的欢笑也有我们的泪水，可能有我们的成功也有我们的失败，可能让我们感觉到无限的希望，也可能让我们看到的尽是绝望。但是不管往事给予我们的是什么，只要我们不受它影响，一直奋发向上，那么我们人生的重量也能够被我们挑起。

美国心理学家巴甫洛夫，在一定区域划定范围内做了追踪实证调查，得出了这样的报告：一个人一生中给他造成重创的往事所累积成的记忆，随着时间漂移，这种记忆呈开口向上的抛物线左侧那支一样向下滑动，最后呈水平趋势发展。

从上面的实验可以看出：从生理角度上讲，没有什么东西是你忘不了的，因为时间永远在运转，人也永远都是在从昨天走进今天，永不停歇，直到心脏不再为你工作。一定忘不掉的，是你自己不愿意，你不愿意抛却那份记忆，你暗示自己要保留它，而这些折磨你的记忆通常也会是非常糟糕的记忆，它刺激你，甚至让你经常在噩梦中惊醒，你拿它给自己施压，你让自己活得猥琐，活得没有尊严，你拿它折磨自己，一遍又一遍。而这所有的一切，又是何必呢？所有的这一切过往终将会成为过去，那么，为什么还要让这些已经逝去了的东西占据你的灵魂呢？明日灿烂的阳光等着你去吸收，可你却宁愿蹲在阴暗潮湿处，看着自己渐渐腐烂……你不仅对自己残忍，更对关心和爱护你的人残忍。回头看看古时候的人吧，你会因为你今天的萎靡不振而羞愧不已。

和屈原一样，历史上有过不少这样的人，被放逐之后，年年不得同家人团聚，有的永远不能再归，客死他乡者大有人在，但他们有证明自己价值的东西，他们生在那个黑暗的时代，但是他们没有屈服过，反而是越战越勇，就像屈原，作了千古流传的《离骚》；司马迁因为看不惯邪恶，为伸张正义替朋友申辩，结果受尽百般凌辱，遭受宫刑，对于一个男人来说，这算不算比死更难受？可他毅然选择挽袖挥臂，写出了被誉为"史家之绝唱"的《史记》。难道他们不是血肉之躯？难道他们没有七情六欲？可在自己的大志面前，他们昨天所受的磨难已经无足挂齿了，因为他们没时间和精力去计较那些，因为摆在他们面前的是人的尊严和民族的危亡，那是需要他们挑起的担子，孰轻孰重，不用比较。仔细想想，和他们的那些委屈和磨难相比，我们的困难算得了什么呢？

1914年12月，大发明家托马斯·爱迪生做完实验的最后一个环节，准备要吃晚餐了，他只等这一环节自由运行，到最后出了结果，整套实验就算画上了成功的句号。然而不幸的事发生了，当然，这只是我们这些常人以为的不幸。晚餐还没全部下咽，实验室发生了大火，人根本没法靠近，就这么眼睁睁看着实验室里面所有器械烧成灰烬，损失超过200万美元。他24岁的儿子，跌跌撞撞地满世界找他，急得快要哭了，因为他心里清楚，爸爸多少天没日没夜不出实验室，一头扎在里面，连上个厕所的时间都没有，为这些实验他熬白了自己多少根头发，脸颊起了多少菊花纹，眼角起了多少条鱼尾纹，可就这一晚，就这么几分钟，爸爸这一生的心血在熊熊大火中付之一炬了，他实在没法想象爸爸看到这些会怎么样。这要是换作我们中的一位，或许多半是躺在床上养病了——养心病，而他，却向儿子嚷道："你在这儿呀，快叫你妈妈来，让她看看这难得的大火，可不容易见到。"随后，他只是平静地看着火焰，脸在火光摇曳中闪亮。第二天早上，爱迪生看着变成一片废墟的实验室场地，说："灾难自有它

的价值，瞧，这不，我们以前所有的谬误过失都给大火烧了个一干二净，感谢上帝，这下我们又可以重新再来了。"这一年他67岁。火灾刚过去的第三个星期，爱迪生就开始着手制作他的第一部留声机。这场毁灭性的大火没有击垮爱迪生，也没有烧掉它对科学的爱，更没有烧掉他对做实验的狂热，从火灾中他看到的不是绝望，不是灭顶之灾，而是看到了——从头再来。一个过了花甲之年的老人，本是该享天伦之乐，却在遭受如此重创之后仍有信心从头来过。这份精神，真是难能可贵。

所以，当失败来找你时，你要微笑面对，因为它是你成功的转折点，之后会成为垫脚石，最后就什么都不是了，它已经没有了继续存在的价值，同时，你也会不自觉地忘了它，甚至于没有一个让你忘记它的明确时间，只是依稀知道，它曾光顾过你的生命，陪你走过一小段路。你要相信，挫折真的不可怕，只要你坚定信念，无论如何都要成功，那么，没人可以阻挡你。忘了昨日的不愉快，因为今天还有更重要的事等着你做，生命的重担需要用自己的肩膀扛，没有人可以代替得了你。因为这个梦是属于你的，只有你才可以让它成长。

生活其实是非常美好的，虽然有时候它也有沉重。苦乐忧欢、成败荣辱、花前月下、落日西风……对谁都一样，我们时刻要做好充分的心理准备积极迎接它。马克·吐温这样说："谁没有蘸着眼泪吃过面包，谁就不懂得什么叫生活！"这是一个过来人给我们铿锵有力的一击，我们该醒过来了。

很多的往事都是属于昨天的，就算我们再努力再想要改变，但是那都已经成为了过去，也就是说我们没法改变它。但是对于今天，我们却还有着机会去把握，对于明天我们更是有机会去创造。因为，梦始终攥在自己手中，能扛起它让它成为现实的只有自己。

有多少遗憾可以重来

人这匆匆一生，有幸活至耄耋之年的，能存在于记忆深处的有成功、有失败，但最深处的仍然是时常撞击着你灵魂的那份遗憾。月上柳梢头，星光依然闪烁在西边的天际，你拄着拐杖在庭院的一隅仰望天宇，细数过去种种，不禁老泪横流，暗自发问：有多少遗憾可以重来？

养在阳台上的那盆吊兰，经过一冬，新春之际仍不见其有发芽的迹象，原来是因为自己的疏忽，没照料好，早些天之前就死掉了，于是很轻松地做了决定：明天再买一盆。这很容易呀，因

为你清楚地知道花市在什么地方，打的过去，掏钱、端花、走人，费不了多大工夫。和朋友一起登山游玩，不料把自己最爱的鞋给脱帮了，你只得惨笑淡之。惨笑是因为这是你穿的最舒服的一双鞋，之所以看淡这事，是因为你还记得卖这鞋的店，哪街哪道，拐几个弯，你很清楚，没事的时候过去再买一双就是了。今天心情明快，是因为网友终于答应要和你见面了，兴冲冲地去理发，结果却不尽如人意，怎么办？戴假发套啊，长的短的，直的弯的，随便你挑。所有的这些，你都可以重新再次拥有，只要能掏出票子，不怕没有得到复制品的机会。可是有些东西，不是你掏出票子就可以完事的，哪怕是再多的钱也买不来一个补救的机会。

有句很经典的台词是这样说的："我愿化身石桥，受五百年风吹，五百年日晒，五百年雨淋，只求她从桥上走过。"这是对错过的爱情的遗憾。狼牙和鱼从高中相恋，一直是个秘密，直到鱼考进大学，她才跟家人说了这事，因为她觉得自己恋爱没有耽搁学习，所以才抓住了这张王牌，摊牌了。鱼的家人是地道的农民，在感情上对姐弟俩要求都很严格，但也不是特别保守，只要不耽搁孩子正事，爸妈还是通情达理的。相恋的六年间，狼牙和鱼都视对方为彼此的唯一，他们在事业跟学业上相互促进，相互鼓励加油打气，辛苦同时也幸福着。2010 年的 12 月，鱼大二了，连着领了两年的奖学金，狼牙在事业上也小有成绩，这年过年，狼牙带着他的好友大力来到鱼的家，鱼期盼着却又紧张着，她没告诉过父母她和狼牙的所有事情，只是提过交了个朋友。唐突的狼牙没有跟鱼打任何招呼，就跟她的父母谈起了是否可以结婚的事，这让鱼的父母很是吃惊，这才多大点人，就开始谈婚论嫁了，他们非常愤怒但碍于面子没有表示出来，大概就说了些两个人都小，现在谈这些还尚早，等等。其实鱼心里清楚，爸妈是觉得他们不可能在一起，一个是乡村教师，一个是只能待在大城市的设计师，明明是要分居两地的……这次谈话给狼牙的打击是巨大的，他不敢相信会是这样的结果，一味地责怪鱼为什么不替他说话，可谁又能理解鱼当时的心痛。送走了狼牙和大力，爸妈就开始给鱼上政治课，一个念书的学生，还是大学生怎么能做出这种事，还谈起结婚来了，你们才多大？鱼没有了勇气，她不能跟自己头发已花白的父母抗争，她不想让他们失望，她是父母心中的"好孩子、乖乖女"。在父母与狼牙之间她以沉默的方式选择了前者，可是没人听到她快要窒息的心跳，整夜整夜泪水在被窝里陪她入眠。狼牙回到家后，终日借酒浇愁，之后他与初中的同学英重逢，不管是想忘却痛苦还是真的喜欢眼前的这位姑娘，总之，他们相恋了。而此时的鱼还在痛苦中挣扎着。后来鱼去狼牙所在的城市找过他两次，这时他和英已经同居了。狼牙说他当初和英好是为了报复鱼，现在想回头已经不可能了，他不能伤害她，因为他们有了孩子。他为自己草率的行为悔恨不已，可是木已成舟。鱼离开了……

所有牵扯到感情的事，都会是一步错步步错，很少有回头路

可以走。有人说,破镜可以重圆,但裂痕却永远都在。与其之后重新缝合,为何不从这一刻起好好珍惜呢?何必要在双方的心上划这么一刀,让彼此都疼呢?疤痊愈了会掉,可伤痕永远都在。珍惜身边的那个他(她)吧,别让自己的恋情重蹈狼牙和鱼的覆辙,再也没有回头路可以走,最后永远地失去彼此,这是多大的遗憾呀!

中国古代哲学大家王阳明有过这样的人生哲理:"树欲静而风不止,子欲养而亲不待。"这是前人对后人沉痛的告诫!当年《常回家看看》之所以能走进千家万户,惹得人人动容,就是因为它写出了人们的心声:找点空闲,找点时间,领着孩子,常回家看看……老人不图儿女为家作多大贡献呀,一辈子总操心只奔个平平安安……所以,在你茶余饭后,抽那么一两分钟的时间,给家里打个电话,跟爸妈问声好,聊聊家里最近都忙什么了:妈妈养的鸡鸭鹅呀开始下蛋了吗?今年猪崽的价格怎么样?爸爸从邻居老王叔家移栽的树成活率高吗?花园的那些花都快开了吧?记得多浇水,不然干叶子又出来了。电话这头多听他们叨叨几句,别嫌烦:你最近穿着那件白颜色的毛背心没?我们看天气预报说你们那边又下雨了,头发长了自己看着去理发馆修剪修剪,人也精神许多,别一天到晚跟野人似的,呵呵。还有还有啊,以后辣的跟酸的东西就别吃了,经常犯胃病还不忌口,等和我们这样大年纪了就什么都吃不成了……

所有的这些絮叨,听多少遍也不会感到厌,在心里溢出的永远是蜜一样的甜美。可有的人是永远失去这样的机会了,他们巴不得电话那头每天都有唠叨的声音，可是没有。这份遗憾永远不会有机会弥补了。幸福中的我们是不是该加倍珍惜这份絮叨呢？别真等到王阳明老师的那句话应验后，我们才醒悟，那就太迟了，说多少都已无益，你想补救，可没人能给得了这个机会。所以说，还是趁自己在福窝里的时候多多珍惜，因为遗憾就是遗憾，不管我们多么虔诚地祈求，但是依旧没有重来的机会。

不管亲情还是爱情，一旦丢失了就再也找不回来了，不管你掏出多少困钞票，都无济于事，失去了就是失去了。与其以后让它成为你终生的遗憾，何不从现在起，加倍地爱惜你牵挂的这些人，别让遗憾成为你一生的痛。

别让灵魂孤独地流浪

时间像书一样在昼夜之间一页一页地翻过，我们也跟随着度过了人生的多半个春秋，但内心世界依然是悬虚不定，不知道让孤独的灵魂到底应该栖息于何处。看不见起点，更不知道终点在哪里，好似自己永远也找寻不到生活乐趣的源头。可是，不管什

么时候,什么地点,无论世界多么空虚,人生多么惆怅,也要为灵魂找个归宿,别因为空虚让它孤独地去流浪。

人类自存在以来,总是以群居的方式生活着。随便一个什么城市,事实上就是一个较大型的生活演绎场地,来往于社区与街道之中的人们的心理状态和行为方式,真真实实的是展现这个城市中人们生活的现实剧本。写字楼早九点晚八点的既定模式,上下班来回往返的公交路线设定,使我们的大脑接受了这种循环往复的模式,什么都变得"应该就是这样",机械式的重复过日。或许我们是一群循规蹈矩、埋头苦干的人,一般都不会留意自己的精神状态和心理情绪,只是在各种变换的职场与社会复杂的人际关系的框架里,一天天地生活和工作着。憋闷、孤独、空虚、烦躁、没有安全感、灵魂没有定所……所有这些成了城市人群普遍存在的心理状态,我们的灵魂开始游离于肉身。当生活在这个群体的每个独立个体将此种心态没办法控制和转移的情况下,它会漫无边际地肆意发展,最后变成一个人心理上的空缺。之后开始以灯红酒绿、自我封闭的方式来填补这种空虚,心理上是想给灵魂一个归宿,可是方式却大错特错了。

网络固然可以给你瞬间的安慰,在虚拟的世界你可以肆意发泄,可以在网络上说你平常不敢说、不能说的话,网络迎合了你的需求。网络中的人没有感情,没有思想,可以说,里面的人通常是任你摆布,想策划什么事都由你,但是现实生活中的人和事是要我们真实面对的。

我们总是存在于现实当中，要和身边实实在在的人打交道，所以必须要敢于面对现实，学会面对现实，不管遭受多大的失败，都要勇敢站起来，谁没有过失败，谁会一帆风顺地过完一生，即使有，你不觉得那样的生活太平淡吗？走被别人铺好的路，走别人走过的路，跟活别人的人生有什么区别？完全丢弃自己，像一杯无色无味的白开水，还不如消失算了。所以别再让自己的灵魂漫无目的地四处流浪了，给它一个定所，不要让你身边的人再为你担心。做一个对得起自己人生的人，也不枉来世间这一遭。

心灵絮语

　　我们坚信，生活是美好的，就看我们用何种态度去对待它。一样的蓝天白云，一样的高山大海，一样有挫折，一样有失败，我们可以选择沉沦，也可以选择振作。人生路上认认真真地学点本领，证明自己的能力，证明你能行，老年之际也会对自己的成功颇感得意，从他人的称赞中得到欢愉。当你用有意义的事去培养你对生活的热情，去填补你生活中的空白时，你的灵魂哪还有闲暇去流浪呢？

困惑不是世界背弃你的方式

很多时候，我们都对发生在自己身上的悲剧产生困惑，没有理由，也找不到一个合理的能够说服自己的解释，因为一连串的不幸总是会找上自己，这让人没法不对自己的存在价值产生怀疑，接下来就是自暴自弃，认为自己是多余的，认为是老天不公平，认为自己是活在宇宙外围的人，认为自己是被世界抛弃了的人。

很多人都遇到过不幸：因为车祸，失去了双亲，就在一瞬间温馨幸福的家成了永远想躲避的地狱，因为那里有太多刺痛自己却永远不可能再有的甜美回忆；一个想要将自己的一生献给画坛的人，突然之间失去了双手，这不仅是对身体的摧毁，更是对心灵的摧残；青年人在手术门外焦急地踱步，虽然人已十分疲惫，但却不敢放松一根神经。医生出来告诉他，医务人员都尽力了。青年人的妻子因为难产，最终没能被活着推出手术室，妻儿无一幸存。一小时内这个年轻人变成了成熟男，胡子茬布满整张脸，苍老了许多年。

凡此种种，足以让人心灰意冷，恨透自己的命运。可是我们跟着去了，那活着的人怎么办？我们自己都觉得承受不了，可却要将更大的悲痛留给活着的人，这样是不是太自私了？所以为了自己的人生，也为了身边那些在乎你生死存亡的人，你要振作，你要坚强，你要活得幸福。因为，世界背弃你的方式不是你的困惑，而是你的消极与沉沦。

我们都知道一个响当当的名字——桑兰，是一名非常优秀的女运动员，在体操上很有作为，被誉为中国的"跳马王"。不幸的一天还是来了，1998年7月21日，在美国纽约，第四届友好运动会的体操赛场，桑兰在赛前训练的时候，一个没有做完的手翻转体动作，结束了她的体操生涯。当然，她的伤势非常严重：第五—七颈椎呈开放性、粉碎性骨折，75% 错位，中枢神经严重损伤，双手和胸以下失去知觉。这对于一个年仅17岁的花季少女来说，是多么沉痛的打击。美国的送护人员十分尽职：从长岛拿骚县医疗中心，到纽约市区最著名的蒙赛耐康复中心，医疗专家们拿出了最佳的治疗方案，使用了最好的药品。当时各大舆论媒体都对桑兰极为关注，各地转播她的伤势病情：当地闻知此事的美国相关官员和普通市民纷纷前去探视，各种新鲜水果和鲜花堆满了桑兰的病房；中国体操协会委托的监护人谢晓虹女士日夜守候，在桑兰最痛苦的时候紧握住她的手；祖国人民更倾注了无尽的亲情和关爱，十二亿份遥远的祝福飞越大洋彼岸……但表现最出色的还是桑兰：从苏醒过来以后，她就没有流过一滴眼泪；你能说她不痛苦吗？一个女孩在即将推开她辉煌人生大门的时候，

却遭遇了此等不幸。可是从她重新面对公众的目光的那一刻起，她的面容就永远浮现着灿烂的微笑。17岁的小姑娘，17岁的纯真得让人慨叹的微笑，征服了世界上各个角落的人们，更是激励了和她一样遇到不幸的众多患者……十个月后，伤情基本稳定的桑兰终于回到了她日夜想念的祖国，在中国康复研究中心继续接受康复治疗，可是接下来的路更是艰辛。由截瘫可能引起的泌尿系统和呼吸系统感染、压疮、脊柱侧变等并发症得到了有效的控制和纠正，体位性低血压已经缓解，名个关节保持着良好的活动度，肌肉也开始有劲了，轮椅她自己可以摇出一百米；整个过程，每个环节，她都忍受着极大的痛苦与送护人员积极配合。一年后，桑兰的生活自理能力得到了很大提高，她可以自己换干净的衣服、鞋子和袜子，也可以依靠自己一个人吃饭、洗脸、刷牙、梳头发，还花时间攻读英语课本，可以独立在网上查找资料，更让人欣慰的是她可以一个人从轮椅爬到床上，也能够从床上再回到轮椅……手术后，她不可能再回到赛场，不再是一个体操运动员，不再有因为比赛获奖而得来的荣耀。但她获得了另一份无价的褒奖。残疾人群因为自己队伍里加入了这束坚强的花朵而自豪，她的事迹激励着他们要与常人一样对新生活充满希望，因为他们的路还很长很长……

桑兰没有放弃自己生存的权利，她渴望获得更多的知识让自己有能力帮助身边的每一个人，她要做对社会有用的人，她时刻关注着和她有相同遭遇的人，时刻激励着她们勇往直前：只要愿意挪动脚步，你就是前进的，生命也会是美的。她有着人天性中的善良，将社会各界赠给她的价值百万元的各种康复器械和残疾人生活用品，全部转赠给北京博爱医院和更需要、更困难的残疾患者；她以残疾之躯奔波于祖国各地，在上海点燃中国第五届残疾人运动会的火炬，在深圳与施瓦辛格先生一起为智残儿童募捐，她的事迹感染着人们，一个服刑人员因为她愿意改变自己，一位四肢健全却不务正业的青年被她的事迹所感动，当即就开始找工作，决定不再荒废人生。

一个17岁的花季少女，一朵受伤却依然美丽的花朵，用她的精神，她的毅力，她永远灿烂的微笑，感动和激励着所有人群——不管是健康的还是残疾的。她曾经跌倒过，但她敢面对已经失去的，她正在努力站起来。同时，她没有对生活失去信心，她没有觉得自己是世界的弃儿，反而让世人觉得因为有了她世界才变得美丽。

世间自有公道，失去自会有得到。当上天给你关上一扇门的同时，它会给你开启一扇窗。人活着不能对自己失去信心，只要你自己愿意向上，没人能把你拉下马。一切都在自己的一念之间，要振作奋斗还是要自暴自弃，全凭自己做主。

别让你的悲伤逆流成河

　　凡事都有个限度，在生活中，不管是做人还是做事都要把握分寸，尤其是在对待消极情绪的时候，更应当时刻注意，不要任其肆意发展，不然，不仅对自己造成重大伤害，更无辜的是你身边那些时时关注和爱护你的人。所以，遇到伤心难过的事，给自己一个调整情绪的时间，时间到了，这事也就算过去了，别老揪住不放，让悲伤逆流成河，悔不当初。

　　忍，有时候并非是懦弱的表现，相反地，它是大智之举。有的人认为，忍就是当缩头乌龟，是在给自己的逃避找合理而能让旁人接受的借口，当然，就要看是什么事了。有些话，不说比说好，有些事不干比干好。现实生活中，不如意的事多了：由于上班匆忙，把文件落家里边了，结果被领导批了一顿。你说这事咱能不忍吗？何况是自己做错了。有时候就是自己没错，被领导说一两句，咱能不忍吗？肯定要忍，为什么？原因很简单：人在屋檐下，不得不低头。你要是不低头，就卷铺盖走人，很现实的。你为了体现自己的个性，想要保住自己的尊严，卷铺盖走人了，可咱这上有老下有小的家庭怎么办？一天没工作，一天就没工资，一天的水电费就没法交，口粮就没法解决，家里谁有个头疼脑热的，你拿什么往医院里边送，等等，你不忍能行吗？不但要忍，还要赔着笑脸地忍。让领导看出你是真的愿意"承认错误"，你有悔过之心，这样就会放你一马，不至于让你遇到桩桩倒霉事。也因为你的忍，悲伤的事情才不至于一连串地发生。

兰溪和秦明相恋近三年了，因为种种琐碎的事导致两人常常意见不合，甚至接二连三地吵架，终于有一天，秦明提出分手，说希望能给彼此较大的生活空间。分手近半年了，这半年里，兰溪度日如年，她想不通为什么秦明会这样对她，他追她的时候是多么的真诚和不容易，可等她的心渐渐融化后，他却撒下她一个人。她心有不甘，她想通过自己的努力能让两人和好如初。每当深夜，她就会给秦明发信息，告诉秦明，她是如何地爱他，如何地离不开他，希望他能回心转意，她一定不再耍性子，不再惹他生气。刚开始，秦明还哄她说，现在什么都别想，两个人都冷静一段时间，好好工作，等以后两个人能在同一座城市工作，并有自己的房子，就结婚。还提出建议说，接下来的两年就先别联系，各自保重，要是兰溪遇到她爱的人就好好珍惜，不要管他。言外之意是，要是他自己遇到合适的对象希望兰溪不要干预，各自生活。这让兰溪如何能接受，秦明这样说分明是对自己没感情了，所以她一遍一遍打电话，一遍一遍发信息，这让秦明恼火了。刚开始他是将兰溪的号加进黑名单，可兰溪还会换着号码打电话，后来秦明索性换号，并郑重地告诉他们以前共同的好友，

两人已经因为没感情分手了,所以不想再联系,希望朋友们也能尊重他的隐私,不要透露他的电话号码。朋友们劝兰溪,既然感情破裂就不要再联系了,这样对两个人都不好。兰溪没办法,就利用网络 QQ 申请陌生号跟秦明联系,她就像疯了一样,把自己的不痛快,全部打包,用邮件邮给秦明,之后是石沉大海,音信全无。秦明对自己的不理睬,更是激怒了她,她根本没有办法控制住情绪。神经一会儿正常,一会儿不正常,兰溪用文字表达着她对秦明的爱,一字一句串连起曾经的过往,想他的好,就更恨他。半年来她很少吃饭,一个人待在房间里,什么也不干,和很多人断了联系,工作也辞了,为了秦明她失去了很多。冷静下来后,她也清醒地告诉自己,天下男人多的是,何必这样折磨自己,死缠一个已经不再爱自己的人,伤了,疼了,也是时候收手了。她做的很多事不仅没能让秦明回头,反而更大程度地摧毁了自己。不仅将两个人以前所有的美好记忆破坏殆尽,还让两人反目成仇……细细一想,这又是何必呢?既然不能在一起,又何必苦苦纠缠,弄得连一点尊严都不剩,何况是因为一个变了心的人,太不值得了。深夜,在细舐伤口的同时,过去的一切都该结束了,不能再让悲伤逆流成河,伤己伤人。

所以说,情绪应当时刻控制,既然让人伤心绝望的事都已经发生了,同时你也没神力让时间倒转一次,让所发生的一切重新来过。既然没这个能力,那么就选择勇敢地面对既定的事实,不至于让悲伤夸大化。

我们小时候都做过这样的实验：用一个透明的杯子盛三分之二的纯净水，放在平坦的桌面上，然后将钢笔尖对着杯子里的水平面，将墨汁滴进去一滴。刚开始我们会发现，在墨汁进去的一瞬间，就像是在平静的鱼缸放进了一条鲜活的鲤鱼，翻江倒海，没有一处是平静的，可过个三五分钟，你会发现，滴进的墨汁逐渐会下沉，杯底渐渐变黑，水的中上部已经没有了黑墨汁丝。十分钟后，墨汁完全沉底。如果这时候你拿根木棍一直伸进杯底，然后搅动，不管动作多么轻微，墨汁就像受到引力一样，直往杯口冲，比第一次滴进杯子的反应要猛烈得多，整杯水没有一处是没有颜色的。这说明什么？既然已成定局就别再触碰它，不然带给自己的是更大的伤痛。刚结疤的伤口再一次撕裂，还要往上面撒盐，这种事以后尽量少干。

心灵絮语

是人就会有情绪，是情绪就会分好坏。别因为一次坏的情绪，引导你接下来做无数错的决定，结果一错再错，越犯越严重。情绪不好了，给自己适当的时间，调整到正常状态，将它带来的危害降到最低，再投入到生活的下一个环节，也不至于浪费更多时间做更多错事，以至于以后追悔不已。

寻觅篇

——探寻灵魂归属，
给心一次重生的机会

人生就像在暗夜里前行，疲惫的身心也渴望一米阳光。

第三章　迷离梦境能否梦想成真

有很多的梦想，有很多的思绪，有时候多得我们都不知道应该如何处理。但是不管思绪是多么紊乱，不管那些梦想是多么让我们痴迷，我们还是要去理清，还是要去追逐。因为人生本来就是像在黑暗中前行，有时候看不清前面的路，有时候不知道自己将要去哪里也是正常。但是只要我们一直前行，一直在努力奋斗，那么就是给了我们的心一次重生的机会，也让我们离梦想更近了一步。

理清那些纷乱如麻的思绪

在上帝的棋盘上，每个人都像是一枚棋子，按部就班，走着既定的步数，面对着雷同的境地。可在每个人心里，又有自己不一样的一方天地，五味杂陈，绝无仅有。那里载着分分秒秒的生命，盛着点点滴滴的幸福，也铺着纷乱如麻的思绪。

　　纷乱的思绪，就像一张黏在心灵角落里的蛛网。落着尘埃，将心的窗户蒙蔽，让人常常看不清光的方向。牵牵绊绊，让心的负担加重，使人一时不能豪迈地再上前一步。若那情那景勾起些许的思绪，便像是扯到了那韧性十足的蛛丝，拉着心在抖动，揪着记忆深处那些最不能忍受的痛。

　　心是最诚实的。它藏着那些纷乱的思绪，因为那是流年里最弥足珍贵的记忆，最不能割舍的情愫，最不能丢弃的过往，就像雨露之于芳草，夕阳之于傍晚，诗文之于水墨，曲谱之于抚琴者，少了一样，别者亦将暗淡，缺了心里储藏的这些，生命之流亦将失掉一种灵动，响不出佩鸣，载不下皎月。心也是最不诚实的。它将痛苦深深埋藏，假装在阳光里行走，也说着快乐的事，哼着快乐的歌。只在黄昏或者雨夜里，将心底翻遍，思绪愈加纷乱，孤独若寒，冰封了整整一座心城。直到有一天心累了，再也经不起这般烦乱，再也受不住此番寒冷，也就妥协了，连同许给时间的承诺，都交回给流年，给不出答案，有的只是无奈、黯然。

　　这些纷乱的思绪，归在心里，却来在身外，在所经历的生活中，不求不盼，若稼轩词曰："少年不识愁滋味，爱上层楼。爱上层楼，为赋新词强说愁；而今识尽愁滋味，欲说还休。欲说还休，却道天凉好个秋。"从来到世界的那一刻起，我们便开始接收有关这个世界的一切讯息。我们看着日出日落，冬去春来；我们感受着周遭的目光，人情冷暖；我们注视着身边的故事，人来人往。在纷繁的社会里，我们生命的纸张不再那么白净，我们给它涂上了或许认为美的蓝色，因为那载得起一片天空，留得下一份空灵，可好事者要为我们抹上冷冷的灰黑色，因为它藏得下邪念，隐得住城府。如此这般，当我们经历了数载的风风雨雨，看过了几季的秋月春风，心绪便纷乱了，不像初时那么淳朴天真，丢掉了那一份可贵的执着，遗失了那一份坦然的真实。我们背上了一张网，纷乱如麻，尘埃满满。

当然，纷乱思绪的缘起还在于心思的细腻敏感。就像一对热恋中的情侣，他们在夕阳下用小小的沙漏给黄昏计时，一同数着秒看橙色流沙里的那份温馨，而后的日子里，即便是没有夕阳的傍晚，彼此的心中也会有一川黄昏，即便是已在人群中相互走远，在夕阳中也会牵挂想念，化成一腔纷乱的思绪。

虽然，人们总说，在如流的生命里，时间是最好的良药，它可以淡化一切，将痛苦铺展开来，慢慢洗涤。但是，那藏在心底的纷乱思绪，它是因着生活而伴在我们左右。在生命的历程中，当一年年过去，我们的阅历丰富了，见过了情节波折的关于生命的故事，关于情感的诠释，那些执着的人或者遗憾的结局，都能让我们动容，能让我们有所感有所念，我们便摆脱不了纷乱的心绪。想想，心弦被不同的情感触动，不一样的频率，自然很难有和鸣的琴音。当我们真的想要去理清那些纷乱的思绪，也非易事，若李煜，愁不能遣，于是有《相见欢》词，言说"剪不断，理还乱"，情深意切，感人至深。可是，只要我们肯用心去揣度，用理性去思考，换得一份内心的安宁平静，还是可以的。

理清那些纷乱如麻的思绪，我们需要舍掉一些曾经的牵绊。

过往的日子里，一定有许许多多的人和事在对的或者错的时间里，在某个风晨或者雨夕，在五月的槐花树下或者就在向晚的小窗前，就那样相遇，而后擦肩而过，或者有些许停留。过往的日子里，也有许多次的意气风发与失魂落魄，就那样在生命的卷轴上划出痕迹。当所有这一切都印在记忆中，短暂的美好或者永久的疼痛，我们的心绪便被搅得凌乱了。牵绊得久了，心也就没有了方向，而迷失在朦胧幻境里。生命需要记忆，可当那成为一种负担，就宁可不要。

理清那些纷乱如麻的思绪，我们需要清楚自己想要什么，清楚在当下我们的心在哪里。当理想照不进现实，当诸多不如意刺激了最脆弱的情感，当我们累得已看不清有雨的清晨和有阳光的日子，我们应该问问自己，此刻，还能做什么，我们应该提醒自己，此刻，心在何处。

一老一小两个和尚结伴回寺院。

通往寺院的山路本来就坑坑洼洼，再加上白天下过雨，路面未干，晚上走起来当然艰难了。

为了照顾小和尚，老和尚把灯笼让给了他。

师徒两人回到禅房，脱鞋准备睡觉的时候，小和尚发现自己的鞋又脏又湿，而师父的鞋则一尘不染。小和尚十分惊讶，好奇地问老和尚说："师父，我打着灯笼都把鞋走脏了，你没打灯笼，鞋子为什么一尘不染呢？难道你真的会轻功吗？"

老和尚听罢，微微一笑，双手合十道："鞋子脏不脏与是否打灯笼关系不大，主要看你的心在不在。"

小和尚没听懂，但下意识地摸了摸胸口。

老和尚接着解释："你拎着灯笼的时候，眼睛只注视灯笼，怕风把它吹灭，脚下自然不管，所以，即使鞋踩到泥坑里你也未觉察。我虽然没灯笼照明，但我的心和眼睛都注视着脚下，借着你的余光，鞋自然会避过坑坑洼洼，不让泥水给弄脏。"

的确是这样，当风扰乱了烛光，一如那些不如意的事扰乱了我们的思绪，我们便将所有的心思放在这无关紧要的事情上而忘了出发时的方向，忘了此刻我们的心应该在哪里。

心可以用来承载过往和现在，可以装得下很多美丽与忧伤。可心也会累。那些纷乱如麻的思绪会将它拖得疲惫不堪，一如泥沙拽住了远走的小溪，一如沙漠阻隔了延伸的绿洲。淡泊方可明志，宁静则可致远。让心静下来，理清那些纷乱的思绪，将精神集中到最重要的事情上来，人生可以更轻松，生活可以更精彩。

心灵絮语

纷乱的心绪是一个小小的枷锁，会将心锁在时光的牢里，看不到晨曦和雨露，看不到生活和未来。可生命不能就此作罢，总要找一个理由走下去。为自己寻找一份安宁，还心灵一份本真，拂去沾染的尘埃，理清如麻的思绪，在一个清净明晰的世界里，将生命演绎得五彩斑斓。

在黑暗中探寻黎明的光点

人生总有那么一些我们无法把握的东西，就像那匆匆而过的日子。有时候觉得它在我们的手中，有时候却又觉得它离自己是那么的遥远，让我们无法抓住。但是生命终究是属于我们的，生活不管如何还是要继续，所以我们只能够抓住现在，活在当下，这样人生才会少留一些遗憾。

在匆匆忙忙的人生路上，有些时候，我们看不清脚下，找不准前方，磕磕绊绊，最后狼狈地困在生命的暗夜中不知所措。就像置身于可怕的梦魇，想要醒来，想要逃离，想要大声喊出来，到最后却只是困兽之斗，在黑暗里迷失或者死去。此时此刻，我们就像是乞者，孑然一身，在某个被人唾弃的角落里，心早已冰封，磨难也让我们伤痕累累，不求更多，只是等着天亮，在黑暗中想要探寻黎明的光点。

黑暗并不可怕，它不是世界末日。生命的旅途中，难免不如意，就像是一列山间行驶的列车，穿梭间经过隧道，总会有黑暗，可走完了那么一段，依旧会看到阳光，还原一个明亮的世界，依旧能感受到风过山林，谱出一个诗意的自然。黑暗并不可怕，它不是生命终结。时间顺流而下，而我们却携着生命逆流而上。就像胡杨在酷热干旱的考验下愈挫愈勇，成为荒漠中最为坚强的勇士，我们只要还有一丝的生命意念，人生便不会在黑暗中凋谢，我们也能找寻到期待中的黎明。

生命的暗夜，有时候是来自于人生的遭遇，也来自于自身内心的矛盾。生命就是一部小说，那么多故事，关于时间或情感，那么多角色，有你有我也有他。我们每个人都用一辈子去演。入戏了，便不再自由。我们的心绪不完全被我们自己感知所控制，它开始跟旁的人有关，开始被别人的故事牵绊，我们不再是独立的一分子。喜剧带给我们欢乐，就像灿烂的阳光，悲剧带给我们痛苦，就像阴冷的暗夜。当爱的人离我们而去，我们意识到，在以后所有的故事中永不再有他们的身影，再也找不回曾经那一份温馨，心的世界便被黑暗笼罩了。当遇到学业或者事业上的挫折，得不到关怀，找不到出口，我们也会在布满阴霾的角落里黯然神伤，自暴自弃，将可能的阳光与黎明拒之门外，只是痛恨暗夜。

要想人生多一些阳光，生命多一些色彩，我们需要学会在黑暗中探寻黎明的光点。就像南归的大雁会循着夕阳里的天空找到归乡路，就像勤劳的蜜蜂会循着风中的香气找到花丛，面对命运的挑战，我们不应该轻言放弃，有所思，有所求，有所为，循着心的方向，找到完美的答案，还自己一份心安。相信看过《肖申克的救赎》这部电影的人都被深深地感动过，因了主人公安迪那一份执着，在黑暗的日子里他并未屈服，纵被冤枉，但求心安，他一刻也不曾停歇地寻找着生命的希望，探寻着黎明的光点。

　　1947 年，银行家安迪因为妻子有婚外情，酒醉后本想用枪杀了妻子和她的情人，但是他没有下手，巧合的是那晚有人枪杀了他妻子和她的情人，他被指控谋杀，被判无期徒刑，这意味着他将在肖申克监狱度过余生。无疑安迪的人生陷入了黑暗，或许再也走不出来，只是慢慢地凋谢、消亡了。

　　瑞德 1927 年因谋杀罪被判无期徒刑，数次假释都未获成功。他现在已经成为肖申克监狱中的"权威人物"，只要你付得起钱，他几乎能有办法搞到任何你想要的东西。每当有新囚犯进来的时候，大家会赌谁将在第一夜哭泣。瑞德认为弱不禁风的安迪一定会哭，结果安迪的沉默使他输掉了两包烟。

　　安迪没有心灰意冷，他的强烈的生命意念让他熬过了许多的考验。他以他的真诚，让瑞德也成为他最好的朋友。一个月后，安迪请瑞德帮他搞的第一件东西是一把石锤，说自己想雕刻一些小东西以消磨时光，并说自己会想办法逃过狱方的例行检查。之后，安迪又搞了一幅丽塔。海华丝的巨幅海报贴在了牢房的墙上。

　　一次，安迪和另外几个犯人外出劳动，他无意间听到监狱官在讲有关上税的事。安迪说他有办法可以使监狱官合法地免去这一大笔税金，作为交换，和他共同工作的犯人每人得到了 3 瓶啤酒。喝着啤酒，瑞德猜测安迪只是借用这个空闲享受短暂的自由。一次查房，典狱长拿过了安迪的《圣经》，却没有翻开便递还给他，并告诉他"救赎之道，就在其中"，可是典狱长没想到，那"救赎之道"真的就在其中。随后，他被派去当监狱的图书馆管理员，为了争取图书馆的图书更新，他每周写一封信，为图书馆的扩大而努力着，六年后，他实现了愿望。之后，他开始帮助道貌岸然的典狱长洗黑钱，并且为监狱其他狱警处理其他事项所需的文件。

一名小偷因盗窃入狱，巧合的是他知道安迪妻子和她情人的死亡真相，兴奋的安迪找到了狱长，希望狱长能帮他翻案。虚伪的狱长表面上答应了安迪，暗中却用计杀死了告诉他这个事实真相的 Tommy（安迪在狱中的学生），因为他一方面担心灰色收入曝光，另一方面他想安迪一直留在监狱帮他做账。

安迪知道真相后，决定通过自己的救赎去获得自由！他的生命的意念一直都在，在黑暗中，他从未放弃过找到一份希望，走出心的阴霾，感受一米阳光。行动之前，他给瑞德留下了神秘的留言。安迪通过努力成功"越狱了"，他的越狱工具就是那本《圣经》里面的"救赎之道"——那把小小的石锤。他领走了帮典狱长洗的那些钱，并且将典狱长贪污与谋杀的证据寄给了报社，典狱长在案发后绝望自杀。当瑞德获得假释后，他找到了安迪为他留下的礼物，并克服了假释后的心理危机，找到了安迪。两个朋友最终相遇。

电影的最后，安迪和德瑞在海边见面了，画面上是纯净的天空，淡蓝的海面，软软的沙滩，还有一艘可以出海的小船，宛若世外桃源，让人全然忘记了他们曾经冰冷的监狱生活，他们曾在

生命的黑暗里苦苦挣扎，有的只是美好的生活，是冲出暗夜后的黎明里的无限希望。

生命之于我们已是一种恩赐，我们没有资格再乞求完美。当人生遇到挫折，当理想照不进现实，我们应该用最真的心审视我们的周遭，找到一个方向，给出一个答案。精诚所至，金石为开。只要心中有爱，心怀感恩，即便是在黑暗中，我们也一定能找到黎明的光点。一本书中写道：爱是恒久忍耐，又有恩慈，爱是不忌妒，不自夸，不张狂，凡事包容，凡事相信，凡事盼望，凡事忍耐，爱是永不止息。要是心真能做到如此，人生还何来暗夜，即便有暂时的阴霾，我们也会很快走进阳光里。

心灵絮语

没有谁可以一帆风顺跑完生命的全程。生活中总会有坎坷，有磨难，没有了希望，就像是置身于暗黑的夜晚。生命就此消亡或者在黑暗里重生，取决于我们有没有一颗坚强的心和冲出黑暗的勇气。忍受孤独，耐住寂寞，用乐观的心态面对挑战，用不屈的心灵蔑视黑暗，我们会在暗夜里探寻到黎明的光点。

挽回那些消逝已久的情怀

有多久，你再也没有在有雨的早晨撑一把伞，走在一片静谧中，感受那一份诗情画意？有多久，你再也没有在安静的夜里捧一本书，坐在一盏台灯下，品读那一纸禅意箴言？有多久，你再也没有在静穆的傍晚携着爱的人，醉在一川黄昏里，体味那恍若隔世的幸福？这些情怀，这些与心共鸣的意念，就那样消逝在我们的生命里，无声无息，当我们意识到时，已然过去了多少个春秋，再难续。

很早很早我们就背着人生的行囊出发了。在我们还小的时候，只知道往里面装些天真，装些自己小世界里的美好。再后来，我们读书，我们工作，我们经历着社会的种种，长大后我们便给行囊装了更多的东西进去，将那最初的天真压在底下，将那一路上有过的情怀混得难以找寻。

其实，那些情怀并未真正地离我们远去，而是被蒙蔽了，盖上了一层岁月的灰尘。因为，当睡眼惺忪的我们看到晨曦时，也会满心欣慰，当身心疲惫的我们看到皓月时，也会有无尽的遐思；因为，在万物生发的春天我们也会想着扫去一身的尘埃，在

硕果累累的秋季我们也会虔诚感激一季的播种。只是,我们忧心忡忡地面对着生活的压力,我们心惊胆战地准备着接受来自生命的挑战,我们让自己陷在岁月的旋涡里苦苦挣扎,我们只是在求索,却再也无暇挽回曾经的情怀,从而让心释放一些。岁月的尘埃越积越厚,终有一天,当生命的行囊承受不起,当逝去的情怀已无法挽回,我们就再没有前行,跌倒在原地,湮没在苍流里。

人生百年,长则长矣,短则短矣,只是不能缺了激情,不能缺了感受美的情怀,不能只在一种色调里将它演绎完尽。我们应该懂得,要携着一腔情怀,对于生命的,对于生活的,对于情感的,对于自然的,有了它们,我们将不会轻易落入生命的黑暗,在以后的路上,我们会体味到更多快乐,感受到更多生命对于我们的馈赠。

挽回那些消逝已久的情怀,我们要让自己怀有一颗真诚的心,怀有一份去发现真善美的意念。我们就是自己世界里的艺术家。就像诗人,在某个暮春的清晨,坐在小池边虔诚地凝视,心与水交流间,捕捉到了"池花对影落"的动人一瞬。就像画家,在某个秋日的黄昏,走在原野上静静地等待,整个人都交给了夕阳,脑海里画着一川黄昏,满城思绪。其实就是这么简单,美就在这里。若心也在这里,就是一份生命的际遇,让我们用更轻松的心情去面对一切。若心不在这里,会是一次遗憾的错过,心中情怀被尘封在岁月的册页中。

保有本心,不为蒙蔽,心怀追求,不为诱惑,我们会在岁月的打磨中走得轻松些,面对生命的挑战过得惬意些。我们仰慕古人，因为他们时时刻刻都在悉心自省，都能做出发自本心的选择，都能在心的那一方天地里探寻到一份本真，用豁达与放诞，用一腔堪比天地的情怀，将一切的不如意安放，让一切的痛苦流淌。若杜甫，纵然茅屋破败雨漏风劲，也能心怀"安得广厦千万间，大庇天下寒士俱欢颜"的无私情怀；若东坡，即便是数次被贬磕磕绊绊，也不失"竹杖芒鞋轻胜马，一蓑烟雨任平生"的豪迈情怀。生命中，除了烦恼与苦闷，怀一份情怀，我们可以感受得更多。

徒弟求教于水墨大师门下，苦学半载却仍不得甚解。每每看大师作画，也不见大师如何蕴力屏息，只寥寥数笔，勾勒的线条便清晰明亮，一股浩气跃然纸面，四周的空气竟也变得灵动起来。徒弟数度临摹大师画作，粗看并无二致，但细嚼之下，却总觉大师之画若兰香在齿，而自己之画则索然无味。

徒弟求教大师，大师只是微笑不语，问得急了，便说一句"火候未到"。

徒弟于是每日苦练画功，又过半载画技渐臻化境，何处重墨何处漫笔均已烂熟于胸，遂挑一艳阳高照之日，沐浴更衣，焚香铺纸，落笔作画，一气呵成，但见画作用笔严谨，笔墨轻重均恰到好处，一眼看去徒弟不禁得意至极，但第二眼望去却突觉缺了一点东西，再看之下此种感受更浓，过了半晌，竟觉整幅画作变得一无是处，于是向大师求教，大师观画之后，只留"无懈可击"四字便飘然离去。

徒弟思之，难道这问题就藏在这四字之中？莫非无懈可击竟是此画诟病之所在？

见徒弟百思不得其解，大师心中微动，却欲言又止。

如此过了一日，午夜时分，徒弟苦思之下心智渐乱，突然发狂，一把拿起画作便撕扯起来，顷刻之间心血之作已化作片片蝴蝶撒落院中。疯狂之后，徒弟突然沉静下来，其时夜色浓重，徒弟举头望天，但见天心月圆不盈一物，低头望地，只见纸片破碎如哀鸿遍地，徒弟突然顿悟，原来自己与大师的距离就在此处。

徒弟大笑出声，顺手挥起手中毫笔，在墙壁一角涂鸦起来，但见腕随月色摇曳不停，落笔之处随之荡起一抹寂寥，转瞬之间画作已成。徒弟也不言语，将手中毫笔一扔就此离去。

大师在窗外观之，抑制不住心中的激动，双手竟微微颤抖，历经数载，这百年衣钵终于觅得了传人。

看来，这作画之道在于心装天地，唯有如此，才能无私，才能绘这世上之物，笔下之物才能拥有天地灵气。心里怀有一份情怀，才能将事物表达得更真实、更美好。因为，心有体验，同样的感悟才会幻化到行动中，潜移默化中还原一个真实的情境。

其实，何止区区作画一事，这人间万物万事之理莫不如此。之于人生，那么多烦恼，那么多磨难，与其在黑暗中叹惋，不如潇洒一些，自在一些，捧一份情怀，给心一个栖息地。挽回那些消逝已久的情怀，生命就多一份坦然，痛苦也多一个可以流淌的出口。挽回消逝已久的情怀，一壶浊酒，平生诸事，皆付笑谈。

看书累了，我们可以看看窗外，看看天空，让眼睛得到哪怕片刻的休息。生活累了，我们可以在夕阳里散步，在闲暇中品茗，让心得到休憩，用诗意的情怀，拂去疲惫，拂去灰尘，寻一份安逸，找一份温馨。人生就是这样，些许的情怀，就可以为心找一个栖息的地方，不为附庸风雅，只求怡然自得。

在走过的路上触摸生命的痕迹

风过疏竹，雁过留影，我们走过，则留下一路生命的痕迹。那些曾经的点滴，那些走远的往事，那些随风而去的我们的青春、我们的童话，都在人生的画轴上留下或轻或重的笔触，在生命的乐章里谱上或喜或悲的音调。有意无意间，那些已经成为生命的财富，或者说，那些就是生命。

当很多人在探求生命是什么、活着为什么的貌似高妙的问题时，却忽略了我们平凡生活中的点点滴滴，不屑于向来时的路索求一份答复。可这些才是人生中最真实的部分，才最接近生命的意

义。那些探求者终究找不到答案的，就算有些许的收获，也只是毫无生命力的纸上谈兵，若空中楼阁，摇摇欲坠。生命是什么，经历了才知道。一路上的风景和故事，就是生命的注解，在以一种平实恳切的语调为我们诠释着生命的意义，只要我们有颗真诚的心，愿意去接纳，愿意去聆听，也一定会发现其中的奥妙。

只是，时光飞逝，反反复复的生活让我们的心变得迟钝，让我们的意念也结上了老茧。我们只是麻木地存在，机械地生活，却再也难以触摸走过路上的那些生命的痕迹。岁月如流，将它们洗涤殆尽，那条路也会一片死寂，没有丝毫生命的气息，就像我们从来没有来过，没有存在过。我们忘记了小时候将叠的小纸船放在小溪里送它去了远方，忘记了某个夏夜在一片蝉声中跟家人聊过天，忘记了槐花飘香的季节里照毕业照时留下的鬼脸，也忘记了经历挫折后望着天无奈的叹息，忘记了心情低落时听着雨声黯然神伤，她曾来过，如今她已远走。心累了，就受不起哪怕一克的重量，抓不住哪怕一丝的生命的痕迹。

离开人生的起点太远，我们需要停留，在生命的间隙里回首来时的路，看曾经对于生命的承诺是否还在，看曾经对于幸福的守望是否依然，看曾经那个出发的理由是否算数，是否还在我们的心里撑起一片光明。生命是一部完整的故事，在期待中开场，经历沧海桑田的变化，高潮和低谷，最后在安静中谢幕，每一幕都会有一些或爱或恨的人登台，上演一段或喜或悲的短剧。我们不应该让这些在时光里散落，而给生命留下一段空白。走过的路上的那些痕迹是生命的凭证，告诉这个世界我们曾经来过，告诉自己为何而来、去向何处。最后，当我们走到了生命的尽头，就会发现，那些痕迹其实就是生命。用一颗感恩而真诚的心将它们穿起来，就是生动鲜活的人生画卷，华美却不失真实。

触摸生命的痕迹，找回曾经的情怀，学着感恩生活对于我们的馈赠。不要惧怕那些失败与苦难，因为泥泞的路上才能留下更深的脚印，生活的挑战会让我们更真实，不会在流年里丢了自己。悉心享受那些成功与欢乐，因为未知的人生，我们不知道下一刻会在哪里，经历什么，把握住现在，不要让幸福悄悄溜走。生命本没有定数，当下的生活，留在走过路上的生命痕迹，就是最真实的拥有。不要只是匆匆前行，有时候，停下来重温一下记忆，触摸一下过往，我们会更容易看清生命的样子。人生的意义，就是能给心一个交代，当老了的一天，还能翻开记忆的册页，对着紫罗兰讲些过往的日子。

在一个偏僻遥远的山谷里，有一个高达数千尺的断崖。不知道什么时候，断崖边上长出了一株小小的百合。百合刚刚诞生的时候，长得和杂草一模一样。但是，它心里知道自己并不是一株野草，它的内心深处有一个纯洁的念头："我是一株百合，不是一株野草。唯一能证明我是百合的方法，就是开出美丽的花朵。"

有了这个念头，百合努力地吸收水分和阳光，深深地扎根，直直地挺着胸膛。终于在一个春天的清晨，百合的顶部结出第一个花苞。百合的心里很高兴，附近的杂草却很不屑，它们在私底下嘲笑着百合："这家伙明明是一棵草，偏偏说自己是一株花，

还真以为自己是一株花,我看它顶上结的不是花苞,而是头脑长瘤了。"公开场合,它们则讥讽百合:"你不要做梦了,即使你真的会开花,在这荒郊野外,你的价值还不是跟我们一样。"偶尔也有飞过的蜂蝶鸟雀,它们也劝百合不用那么努力开花:"在这断崖边上,纵然开出世界上最美的花,也不会有人来欣赏呀!"百合说:"我要开花,是因为我知道自己有美丽的花;我要开花,是为了完成作为一株花的庄严使命;我要开花,是由于自己喜欢以花来证明自己的存在。不管有没有人欣赏,不管你们怎么看我,我都要开花!"

在野草和蜂蝶的鄙夷下,百合努力地释放内心的能量。有一天,它终于开花了,它那灵性的白和秀挺的风姿,成为断崖上最美的风景。这时候,野草与蜂蝶再也不敢嘲笑它了。

百合花一朵一朵地盛开着,花朵上每天都有晶莹的水珠,野草们以为那是昨夜的露水,只有百合自己知道,那是极深沉的欢喜所结的泪滴。年年春天,百合努力地开花、结籽。它的种子随着风落在山谷、草原和悬崖边上,到处都开满了洁白的百合。

几十年后,远在百里外的人,从城市,从乡村,千里迢迢赶来欣赏百合开花。许多孩童跪下来,嗅闻百合花的芬芳;许多情侣互相拥抱,许下了"百年好合"的誓言;无数的人看到这从未见过的美,感动得落泪,触动了内心那纯净温柔的一角。那里,被人称为"百合谷地"。

不管别人是否欣赏,满山的百合花都谨记着第一株百合的教导:"我们要全心全意默默地开花,以花来证明自己的存在。"

倔强的百合花不甘只在阴暗的角落里死去，它想要开花，绽放自己的生命，以花来证明自己的存在。于是，一些后来的人在那一缕芬芳里，在"百年好合"的誓言里，在内心的纯净与温柔被触动的一瞬，永远地记住了百合，记住了某个日子里与它的邂逅。

　　其实，我们的人生又何尝不是这样？唯有找回那些来路上的生命痕迹，触摸那时的心境情怀，将它们留在记忆的册页里，才能拼出一个完整的人生，证明我们确实来过。过往可以用来回忆，可过往不单单是用来回忆的。适时地找寻过去，触摸那些一路走来的痕迹，能让我们的生命更加明晰，会让我们的存在更加真实。等有一天回想起这一辈子，我们也会坦然地说，不枉此生。

心灵絮语

　　千万年前的一棵树，将自己的眼泪幻化为瑰丽的琥珀，留于世间，历久弥新。后来人于方寸之间，以心相契，读出了千万年前的一个黄昏，那一瞬自然的奇迹，那一段生命的存在。小小的生命痕迹，让这个自然现象一如动人的传说，美好而真实。人生也需要这样，在走过的路上触摸生命的痕迹，且行且珍惜，诠释一个梦一样的故事。

收回放逐已久的魂魄

人生是一场旅行,心做向导,身随心动。当我们匆匆向前走去,有没有在意,这是否是心的路线。当我们浑浑噩噩地生活,有没有在意,魂魄是否依然与身体同行。生命的原野茫茫苍苍,若将魂魄放逐,我们会在岁月里迷失,在前行的路上再也看不清方向。

似乎每个人天生就有一种流浪的情结。我们将身体放逐,在年轻的时光里,渴望着去徒步,去远游,到一个陌生的城市里看陌生人的生活,自己也跟着感动,让自己狼狈地游荡在街头巷尾,在凄冷的夜里,独自品尝着落寞孤寂,感伤着人情冷暖,触摸一份难得的真实。我们也将魂魄放逐,寄情山水,沉迷酒色,我们随意地将灵魂搁置在来时路上的任何一个角落里,不顾心安,只管作乐。直到有一天,我们发现自己已迷失在这花花世界里,才意识到心灵被放逐已久,没有与身体同行,找不到生活的出口,生命只会在暗夜里慢慢凋谢。

让一个画家去评价一幅水墨,他最先考察的一定是画的神而非形,看落笔是不是传达着画者的思想,看景物是不是流露着内在的品质，看整幅画有没有一种气势，有没有归真的灵魂。而人亦是如此。没有了魂魄的人，就不是一个完整的生命个体，就类似于行尸走肉了。只是机械地工作，按部就班地生活，在愚昧无知的精神世界里将生命走到终结，却依然不知道为什么活着。或者，将魂魄放逐在生命路上某个角落，以为那方寸之地便是归处，不再前行，或者当身体走远，没了心的指引，也很快迷失在荒原上。

我们不能将灵魂就随便搁置，即便是停留，也不要将魂魄放逐太久。一路走来，每个人都在经历形形色色的故事，每个人也都会有带不走也放不下的情怀。就像皓月将心交与一方寒潭，我们将心交与了这人生的际遇，将灵魂放逐在了生命的原野，当时总是美的，可心是会累的，魂魄是会变野的，这样的感怀也会在岁月里慢慢变质。直到走得太远，灵魂再也跟不上生命的脚步，只在过往里挣扎、沦陷。或者，放逐的魂魄将生命拉向了罪恶的深渊。我们喜欢上了纸醉金迷的生活，变得贪图享乐、不想明天，变得玩世不恭、不求进取。心是被诱惑了，离生命的本真越来越远，到不了彼岸，见不到暮年的紫罗兰。

有句话说得很好，读书或者旅行，总之，身体和灵魂要在一条路上。收回放逐已久的魂魄，还原生命的真实，人生可以更完整。全心地读一本书，在清晨或者雨夜，在字里行间寻求一份平和，让疲惫了的身心有一些释然，彼此交流，达到生命的契合。抑或是虔诚地去一次旅行，于高山或者原野，在走过的足迹中求得一份宁静，让放逐的魂魄归于身体，体悟自然的恩赐。不管怎

样，若我们过得浑浑噩噩，在现实的生活里摸爬滚打，疲惫不堪，找不到生活的出口，试着收回放逐已久的魂魄，让心沉静下来。所谓淡泊明志，宁静致远。在一份安宁的心境里，生活便不会沦陷。

　　一个年轻人千里迢迢找到燃灯寺的释济大师说："我只是读书耕作，从来不传不闻流言蜚语，不招惹是非，但不知为什么总是有人用恶言诽谤我，用蜚语诋毁我。如今，我实在有些经受不住了，想遁入空门削发为僧以避红尘，请大师您千万收留我！"释济大师静静听他说完，微微一笑说："施主何必心急，同老衲到院中捡一片净叶你就可知自己的未来了。"释济大师带年轻人走到禅寺中殿旁一条穿寺而过的小溪边，顺手从菩提树上摘下一枚菩提叶，又吩咐一个小和尚说："去取一桶一瓢来。"小和尚很快就提来了一个木桶一个葫芦瓢交给了释济大师。大师手拈树叶对年轻人说："施主不惹是非，远离红尘，就像我手中的这一净叶。"说着将那一枚叶子丢进桶中，又指着那桶说："可如今施主惨遭诽谤、诋毁，深陷尘世苦井，是否就如这枚净叶深陷桶底呢？"年轻人叹口气，点点头说："我就是桶底的这枚树叶呀。"

　　释济大师将水桶放到溪边的一块岩石上，弯腰从溪里舀起一瓢水说："这是对施主的一句诽谤，企图打沉你。"说着就哗的一声将那瓢水兜头浇在桶中的树叶上，树叶激烈地在桶中荡了又荡，便静静漂在了水面上。释济大师又弯腰舀起一瓢水说："这是庸人对你的一句恶语诽谤，企图还是要打沉你，但施主请看这又会怎样呢?"说着又哗地将一瓢水兜头浇在桶中的树叶上,但树叶晃了晃,还是漂在了桶中的水面上。年轻人看了看桶里的水,又看了看水面上浮着的那枚树叶,说:"树叶秋毫无损,只是桶里的水深了,而树叶随水位离桶口越来越近了。"释济大师听了,微笑着点点头,又舀起一瓢瓢的水浇到树叶上,说:"流言是无法击沉一枚净叶的,净叶抖掉浇在它身上的一句句蜚语、一句句诽谤,不仅未沉入水底,反而随着诽谤和蜚语的增多而使自己渐渐漂升,一步一步远离了渊底了。"释济大师边说边往桶中倒水,桶里的水不知不觉就满了,那枚菩提叶也终于浮到了桶面上,翠绿的叶子像一叶小舟,在水面上轻轻地荡漾着、晃动着。

释济大师望着树叶感叹说:"再有一些蜚语和诽谤就更妙了。"年轻人听了,不解地望着释济大师说:"大师为何如此说呢?"释济笑了笑又舀起两瓢水哗哗浇到桶中的树叶上,桶水四溢,把那片树叶也溢了出来,漂到桶下的溪流里,然后就随着溪水悠悠地漂走了。释济大师说:"太多的流言蜚语终于帮这枚净叶跳出了陷阱,并让这枚树叶漂向远方的大河、大江、大海,使它拥有更广阔的世界了。"

年轻人蓦然醒悟,高兴地对释济大师说:"大师,我明白了,一枚净叶是永远不会沉入水底的。流言蜚语、诽谤和诋毁,只能把纯净的心灵淘洗得更加纯净。"释济大师欣慰地笑了。

净叶不沉,因为它保有自己的本真,没有在浊世之中丢了坚

持，迷失自我。它将灵魂放在生命最重要的位置，不将它放逐，不让它蒙尘，全心以待，但求心安。为自己赢得一份宁静的同时，自然也超然世外，未沉陷在污淖之中，只诠释着生命的尊严。较之于一枚净叶，人自然是应该惭愧的了。

作家将心放在文字里，深深地游走在方寸之间，心无旁骛。画家将心放在图画里，悠然地行走在山水之间，心诚则灵。那么，平凡的我们该将心放在何处，求得一份安宁？若魂魄被放逐在生命的荒原，心也就被搁置在了黑暗的角落，蒙尘变质。可是，没有理由让生命不继续。不管读书还是旅行，我们要收回放逐已久的魂魄，在浊世之中找回自己，让人生的梦想延续。

心灵絮语

释济大师说"净叶不沉"，以此来诠释在世为人的道理。言语间，便是一条生命的法则。一路走来，倘若我们一直保有内心的纯粹，身体和心灵总在一条道上，就会少一些烦恼，少一些纠结，生命也就多一些欢愉，多一些收获。心灵是生命的向导，永远不要将它放逐。

用好奇之心对待种种未知

　　人生的遭遇，就像是一次原始森林里的探险，下一秒种会出现什么样的生物挑战，蜘蛛还是巨蟒，会出现什么样的风云变幻，暴风还是骤雨，我们无从揣测，因为它多变且神秘。能在这林子里走多久，能否冲出阴霾走进阳光，种种的际遇都是未知。也正是这一个个问号，让人生的道路更有魅力，添了几分神秘，让每个人都能好奇地走下去，一路探求，给出问题的答案，揭开生命的秘密。

　　习惯会让一切变得平淡，人生亦是如此。就像水厌倦了平缓的溪流而纵身悬崖，换来一份激越，就像风厌倦了无力的吹拂而置身荒原，刮起一场沙暴。当人厌倦了流水般的日子，便也想寻求变化，在黑暗中探寻黎明，在乏味中寻找精彩。

　　其实，人生不乏精彩。那生命种种的未知就是人生最大的神秘，掩藏着不计其数的精彩。我们不知道下一秒会遇到谁，擦肩而过还是相伴终生，不知道下一秒会发生什么事，喜出望外还是灭顶之灾。就是一次探险，因为不知道前方的路，所以才吸引着那么多的勇者前赴后继，以命相搏。所谓过去属于死神，未来属

于自己。过往的失败、诸多的不如意，都不那么重要了，即便没有在岁月之流里淘洗去，也不能让它们左右我们的明天、我们接下来的命运。将来的种种，正因为未知才有了更多的可能性，才让我们有机会再去努力一次，再去把握一次，造就出精彩的人生。

那种种的未知，需要一份求知欲，需要一颗好奇心。曾几何时，好奇心改变了这个世界。牛顿因为对落地的苹果好奇而提出了万有引力定律，瓦特因为对一壶开水的好奇而造出了蒸汽机，魏格纳因为对地图的好奇而建立了"大陆漂移学说"，诸如这些不胜枚举的天才的创举，其出发点都是源自一颗好奇心，一份求知欲，对未知的一种探求与渴望。对于人生，我们也该怀着这样的好奇心去发掘。种种的未知就是一座巨大的宝藏，你不知道藏着怎样的奇珍异宝，你不知道这样的探险会有怎样的刺激与精彩。只要怀着一颗好奇心，给人生一些可能，给生命一些信任，以后的路会变得不一样，我们不会只在平淡中消亡。

在一座寺中有一个小和尚，每天清晨，他要去担水、扫地，做过早课后要去寺后的市镇上购买寺中一天所需的日常用品。回来后，还要干一些杂活，晚上还要读经到深夜。

有一天，小和尚稍有闲暇，便和其他小和尚在一起聊天，发现别人过得都很清闲，只有他一人整天在忙忙碌碌。他发现，虽然别的小和尚偶尔也会被分派下山购物，但他们去的是山前的市镇，路途平坦距离也近，买的东西也大多是些比较轻便的。而十年来方丈一直让他去寺后的市镇，要翻越两座山，道路崎岖难行，回来时肩上自然还多了很重的物品。于是，小和尚带着诸多的不解去找方丈，问："为什么别人都比我自在呢？没有人强迫他们干活读经，而我却要干个不停呢？"方丈只是低吟了一声佛号，微笑不语。

第二天中午，当小和尚扛着一袋小米从后山走来时，他发现方丈正站在寺的后门旁等着他。方丈把他带到寺的前门，坐在那里闭目不语，小和尚不明所以，侍立在一旁。日已偏西，前面山路上出现了几个小和尚的身影，当他们看到方丈时，一下愣住了。方丈睁开眼睛，问那几个小和尚："我一大早让你们去买盐，路这么近，又这么平坦，怎么回来得这么晚呢？"

几个小和尚面面相觑，说："方丈，我们的路这么平坦，不会有任何的意外发生，都快走腻了，我们就无聊地说说笑笑，看看风景，就到这个时候了。十年了，每天都是这样的啊！"方丈又问身旁侍立的小和尚："寺后的市镇那么远，你又扛了那么重的东西，为什么回来得还要早些呢？"小和尚说："我每天都要翻山越岭，路途坎坷，不知道前面会有什么危险发生，我才更小心去走，用好奇的心态走前面的路，所以反而走得稳走得快。十年了，我已养成了习惯，心里只有目标，没有道路了！"

方丈闻言大笑，说："道路平坦了，心反而不在目标上了。只有在路况未知的路上行走，才能磨炼一个人的心志啊！"

几个月后，寺里忽然严格考核众僧，从体力到毅力，从经书到悟性，面面俱到。小和尚由于有了十年的磨炼，所以在众僧中

脱颖而出，被选拔出来去完成一项特殊的使命。在众僧羡慕和钦佩的目光中，小和尚坚毅地走出了寺门。这个当年的小和尚就是后来著名的玄奘法师。在西去的途中，虽水阻山隔，艰险重重，他的心却一直闪耀着执着的光芒。

玄奘小和尚的路途更为艰难，因为充满了不可预测的因素，随时可能有未知的危险发生。正因为如此，才让他怀着一颗探求的心，集中了所有的精力在走路上，在如何应对可能发生的情况上。也正是因此，他才过得更踏实，他的旅途才更精彩。

没有一帆风顺的人生，只有一无所知的行人。生命的下一刻会呈现怎样的风景，都只是一个很神秘的猜想，没有标准答案。而我们，需要以一颗好奇的心和求索的热忱，积极地去对待生活，发掘人生，给出一个心之所向的解释。不要因未知而惧怕，也不要因平淡而失落，给生命一份信任，相信明天。

心灵絮语

好奇心可以让一个作家在文字里探求生命的真谛，写下感动；好奇心可以让一个摄影师去发现生活的点滴，记录真实；好奇心可以让一个科学家在自己的领域里有所建树，造福人类。而之于我们，好奇心给生命以动力，在平淡中探求希望，在未知中找寻精彩。积极面对生活，生活也会给我们一个积极的答复。

演好人生的角色，渲染生命的底色

人生就是一部戏剧，每个人在各自的世界里倾情演出，不管是什么角色，都经历着悲欢离合，感受着喜怒哀乐。人生也是一轴画卷，我们在自己的画纸上挥毫泼墨，不管是什么颜料，或浓墨重彩，或轻描淡写，都渲染成为生命的底色。

春花烂漫，在它们装扮了一季的美好与希望后，便在风雨中凋落消逝；秋叶枯黄，在它们守候了三季的幸福与愿景后，便在冷霜中萧萧而下。它们都是在属于自己的世界里，在需要自己的季节里，演好了自己的角色，诠释了存在的价值。在人生的季节里，我们也应该演好自己的角色，给自己的生命渲染真实的底色。其实，世界本无所谓由谁演、什么情节，它只是以一双至高无上的眼睛在审视，任由我们自己发挥。可我们不能对自己放任，不能随便地就将心放逐在生命的荒原，要对自己负责，给生活一个交代，给我们生命里的人一个答复，在这个大大的戏台上，演好自己的角色。

一路走来，我们的确在扮演着各种各样的角色。在别人的世界里，我们是配角，我们的演出都只是他们的一幕。能否被他们记住，能否成为他们人生里的一瞥惊鸿，留下那么一瞬的精彩，留下

那么一景的感动，都只拜生命所赐，随缘而已。记起卞之琳的一首《断章》：你站在桥上看风景，看风景的人在楼上看你；明月装饰了你的窗子，你装饰了别人的梦。倘若如此，演好了自己，同时又将别人的故事补充完整，生命也不虚此行了。在父母的世界里，我们应该成为好儿女，当他们还年轻时，带给他们生活的乐趣，当他们老去时，带给他们温馨的关怀。在朋友的世界里，我们应该成为好搭档，风雨同舟，同甘共苦，分享彼此的快乐和烦恼。在爱人的世界里，我们是另一半的天空，彼此尊重，彼此爱护，心灵相契，搭成一方完整的天地，谱出一曲动人的乐曲。

在自己的世界里，我们是主角。演好自己的角色，就是保有自己的一份本真，真实的才是最美的。现实世界里，我们会经历很多坎坷，心会被打磨，被绑缚，在阴暗的角落里潮湿，发霉。我们可以不幸福，我们可以不快乐，但我们必须知道自己是谁，之于时光的洪流，我们是怎样的一个角色。当遇到困惑，用理性去思考，找到解答；当身处黑暗，用坚强去抗争，探寻到黎明的光点；当灵魂放逐已久，用真诚去找寻，还生命一份完整，让自己依然是真实的自己。在人生的每一个阶段里，明确自己想要什么，想成为怎样的人，然后就是倾力演出，做好自己该做的，学习、工作或者规划人生，将每一步都走得踏实一些，跬步以积则至千里，生命会是很精彩的旅程。

生命是一个很长很长的故事，在这里哭过，在这里笑过，那一个个场景，在流年里消逝或者在记忆中永恒，都成为人生的财富。那么多的人打这里走过，相知或从来不知，交错间便是悠悠人生。生命将责任交给我们，我们就要站好自己的一班岗，守好自己的一份承诺。对自己承诺，就演好自己的主角，但求无憾；给别人承诺，就演好那边的配角，只求心安。生命或许很苍白，有了故事，演好了人生的角色，才能渲染出明丽的底色。

一位以高尚诚实而著名的武士去拜访一位禅僧。

"我为什么会感到如此低人一等？"武士问道，"我多次面对过死亡，击败过那些虚弱的人。然而，我一见到你在冥想，就会觉得我的生命已经完全没有意义可言了。"

"你等等，等我接待完今天来见我的那些人之后，再来回答你。"禅僧回道。

武士整整一天都坐在寺庙的花园里，看着人们进进出出来求计。他看到禅僧以同样的耐心、同样的微笑接待每一个人。

黄昏时分，所有的人都走了，武士问道："现在你可以指教我了吗？"

大师请他进入寺庙，带他到自己的房间。满月在天空中闪亮，四周环境非常宁静。

"你看月亮，很美，是吗？它将穿越整个苍穹，而明天太阳将会再次普照大地。但是，阳光要明亮得多，而且可以让我们看到身边的景观细节：树木、高山、云彩等。我对它们已经观察多年，却从未听到月亮说：为什么我不能像太阳那样光亮呢？是因为我低人一等吗？"

"当然不是。"武士回答，"月亮和太阳是两种不同的东西，

各有各的美。你不能拿它们两个来做比较。"

"这么说，你知道答案了。我们是两个不同的人，各自以自己的方式为所信仰的事情奋斗，以便让世界变得更加美好，其余的都只是表象而已。"武士听完，顿然开悟。

在人生中，武士已然做好了自己的事情，在事业上有了不小的收获，有了自己的一份成功，可他却拿自己和一个所求所想所事截然不同的高僧比较，看着对方的优点，将自己否定。他未察觉到自己演好了人生的角色，却以为生命还是苍白。他不适应做自己的主角，却在角落里欣羡别人的演出。当然这不是过错，只是暂时的蒙昧。

人生的舞台上，我们粉墨登场，每个人都有自己的角色。生旦净末丑，饰演了哪一个角色，就该用心去体味自己的戏分，演好自己的人生。不管是主角还是配角，我们都要用真实的自己去演，用自己的方式为所信仰的事情奋斗。演好了，这便是精彩的人生，生命也将渲染出不一样的底色。

心灵絮语

生命的船帆会在惊涛骇浪里漂向何处，我们不得而知。可我们的人生一路走来会留下怎样的笔触或留白，这由我们来定。生活就是画一幅画，演好了自己的角色，就拥有了最美的画笔，可以在生命的画纸上挥毫，渲染出一个潇潇洒洒的世界。

拾起那片激情，找回丢失的自己

就像红花还需绿叶，蓝天还需白云，我们的人生也需要激情。曾几何时，我们在凌晨的电视前因为一场足球比赛疯狂不已；曾几何时，我们不由分说地背起行囊走向远方，曾几何时，我们在青春的岁月里挥洒汗水，为着心中的理想而拼搏。那时的我们，满怀激情，将生活演绎得五彩缤纷，在风中笑，在暗夜里哭，却从来不向生活低头。

时光就像一面砂轮，快速地旋转，将我们的棱角打磨得消失殆尽，将我们的激情褪尽在岁月的风中。社会的大染缸里，我们艰难地前行，为了薪酬，在每个夜晚或者难得的周末加班，为了生计，我们浑浑噩噩劳心劳力地将精力耗尽。为了某些人，我们忘记了另一些曾经最要好的朋友，为了某件事，我们将人生的底线一次次降低，为了一种欲望，我们将昨天、今天和明天一块儿陪葬。于是，心灵就此变得不堪重负，生活就此变得按部就班，没有了情怀，丧失了激情。当一天和尚撞一天钟的日子，大概就是如此。沙漏反反复复间，心随着岁月老去，麻木僵硬，认不清自己，也感受不到世界的存在。

这让我们完全丧失了另一种意识，就是人生还有别的活法，生命会有很多种版本。人生的路会很艰难，需要有一些东西支撑着我们走下去，诸如自信、勇气和爱。激情就好比我们人生的一根拐杖，能让生活平衡一些，能让生命坚强一些。心情烦躁的时候，为自己找一个放松的方式，和朋友一块儿疯或者在自己喜爱的运动场挥洒汗水，生活平淡乏味的时候，为生活制造一些插曲，用一份久违的激情调剂人生的味道。心是会厌倦平淡的。而激情就像是一把火焰，可以激发思维的灵感，可以触发心灵的清泉，让我们在繁杂的现实中保持自己，不被吞没，让我们在烦琐的生活中泰然自若，不致迷失。这样说来，生活其实并没有那么难，山穷水尽的时候，缺的或许不是一条路，而是一份激情。让我们在迷雾中走出一条路，带着最初的梦想和些许疲惫的自己继续前行。

拾起那片激情，找回丢了的自己，我们需要抱有一颗积极的心。就像是森林里的植物积极地往上祈求生命的阳光，就像是山涧的溪流积极地向前追逐大海的足迹，就像浪逐沙滩，就像彩云逐月，我们必须用积极的心态去追逐时光，笑对生活。有积极的心态，我们才有创造激情的可能。而后，我们需要怀着一份感恩与真诚的心，应对生活的种种。不要觉得困难就是生活对你的挑战，也不要觉得成功就是你应得的猎物。生命给予我们这些，不是基于我们的需求，而只是一种常态。倘若我们怀有感激，尊重生命的恩赐，不将苦难看轻，不将成功看重，只是积极地面对，真诚地生活，那时候会发现，生活处处都是阳光，生命的激情无处不在。若轻舟过江，若云行天际，一切都会轻松而快乐起来。

学生要毕业了，最后一堂课，教授把他们带到了实验室。

教授取出一个玻璃容器，往容器里注入了一些清水，说："这是常态下的水，如果把它倒进一条小溪里，它能流入大河，然后和许多水一道奔流着涌进大海。"教授把盛水的容器放进一旁的冰柜说："现在我们将它制冷。"过了一会儿，容器端出来了，容器里的水凝成了一块晶莹剔透的冰块。教授说："0℃以下，这些水就成了冰，冰是水的另一种形态，但水成了冰，它就不能流动了，诸如极地的一些冰，它们待在那里几千年几万年了，几公里外的地方它们都去不成，更别说流进大河、流向大海了。它们的全部世界就是它们立足的那丁点儿地方。"

"现在，我们来看水的第3种状态。"教授边说边把盛冰的玻璃容器放到了酒精炉上，过了一会儿，冰渐渐融化了，咕咕嘟嘟地翻腾出一缕缕蒸汽，在实验室里静静弥漫着。没多久，容器里的水蒸发干了，教授关掉酒精炉说："水到哪里去了？它们蒸发到空气里，流进蓝蓝的辽阔无垠的天空里去了。"

教授瞅一眼那些迷惑不解的学生说："水有3种状态，人生也有3种状态。水的状态是温度决定的，人生的状态也是自己心灵的温度决定的。假若一个人对生活的温度保持在0℃以下，那么这个人的状态就是冰，他的整个世界也就不过他双脚站的地方那么大；假若一个人对生活和人生抱平常的心态，那么他就是一掬常态下的水，他能奔流进大河、大海，但他永远离不开大地；假若一个人对生活和人生的态度是炽热的100℃，那么它就会变

成水蒸气，成为云朵，他将飞起来，他不仅拥有大地，还能拥有天空，他的世界将和宇宙一样大。"

水的哲学，也是人生的哲学。零下的水，没有生气，只能在容器里一动不动，常态的水，会有些许的活力，在荒原上奔腾激越，可是，只有100度的水才能飞升起来，追逐梦想，在理想的国度里演绎生命的精彩，就像教授所说，"他不仅拥有大地，还能拥有天空，他的世界将和宇宙一样大"。人生也是如此。不能总在黑暗中叹息，让寒冷冰封整座心城，也不能不温不火地对待人生，百无聊赖中让时光匆匆溜走。生命需要热度，人生需要激情。给心百分百的温度，它还给你百分百的生活。拾起那片激情，找回丢了的自己，生命的故事会更加完整，人生的舞剧会更加精彩。

人生有时在黑夜里前行，疲惫的心需要一米阳光。我们有梦想、有追求，只是走不出困惑，在生活的旋涡里彷徨。给心一份热度，拾起那一片激情，找回丢了的自己，我们便可以坦然面对生命的种种，可以发掘生命的精彩，在更大的空间里实现我们人生的价值。

第四章　在遥望间保持些许期待

　　人生不会永远都是糟糕与不幸的集合，人生也不会永远只是失望及绝望的显现。在我们的生命中不管何时都应该保持着一些期许，对自己的人生保持着一些信心，然后让这些期许以及信息凝聚成心灵的能量，不断地去追赶生命之光。在追赶之中保持着些许期许，在下一段旅程中我们看到的将会是无尽的希望，当然我们也会收获成功。

追赶生命之光，驱逐落寞和访徨

　　不管我们的生命是幸运还是糟糕，不管我们的人生是成功还是失败，我们每个人的一生中总有那么一些生命之光，如果我们能够追赶得上，那么生命中的那些落寞以及彷徨都会远远地离开我们，当然我们也会在追赶之中体味到人生的乐趣。

　　有人说,在我们的一生中总有那么一束光,在我们迷路的时候,在我们失望或者对生活绝望的时候给我们指引,其实那就是我们的生命之光。一个人,不管他是贫穷还是富有,不管他是位高权重还是无名小卒,不管他是成功还是失败,他们都拥有这样的一束光芒。这束光会适当地出现在每个人的生命中,如果谁能够很好地把握,那么他的一生都会在这束光的指引下顺畅地度过。

　　可能有的人会问,既然每个人的生命中都有这样的一束光,为什么自己没有感觉到,并且都没有看到过呢?其实这一束光并不是我们随时都可以看得到的,也并不是我们随便就可以感觉到的,这束光需要我们用心去体会,也需要我们用心去感觉。可能它在我们失意彷徨的时候会告诉我们要坚强不要丧失希望,它以给我们鼓励的方式出现;可能它在我们成功的时候也会告诉我们不要骄傲,前路还很长,我们还需要继续奋斗,它以鞭策我们的方式出现;可能它在我们寂寞的时候会告诉我们前面有个朋友一直在等待着我们,只要我们走向前去,就可以驱赶寂寞,它以一种指引的方式出现。它是生命之光,它存在的价值就是给予我们每个人正确的指引,让我们的一生走得更加顺畅。

　　当然在我们的生命中有的人看到了自己的生命之光,不停地追赶,从而驱逐了那些内心的孤寂与彷徨,让自己的人生攀上了一个又一个的高峰,当然也有的人没有看到自己的生命之光,也不知道追赶,所以只能让自己在孤寂彷徨中郁郁寡欢地度日。其实,生命之光并不是隐藏在哪里,也并不是离我们很远,只要我们在遇到挫折、遇到坎坷的时候能够坚持，在我们遇到成功的时候能够谦虚谨慎，那么生命之光自然会常伴我们的左右。

走下五级台阶，她足足花了四分钟。

从轮椅踏板上，她把自己严重萎缩的双脚挪开，双手撑着椅垫，让身子从轮椅上滑到地面，然后蹲着用一只手抓住轮椅，慢慢地推下第一级台阶，一级接一级，就这样艰难地下来后，她整理了一下帽子和衣服，笑一笑，说："好了，可以上路了。"

这个轮椅女孩叫谭伊玲，9岁时因患脊髓瘤致残，离开轮椅，她只能蹲在地上挪动身体。为了给她治病，家里已一贫如洗。为了让父母能过上好日子，她只身来到北京，寻找实现梦想的机会。这次出门之前，她又一次接到一家公司的面试邀请。

她租住在北京的六环，面试的公司在二环。艰难地走下五级台阶后，她独自推着轮椅行走在刺骨的寒风中。在上下公交车和地铁站口的台阶时，轮椅无法通行，徘徊好久之后，她只得一次又一次地求助。她忍住不喝一口水，因为上厕所不方便。即便如此，她的脸上始终笑容多于愁容，一路上，她对那些关心她的人说着同样的话：我去参加面试。那语气仿佛在说，我马上就有工作了。

从出门到到达面试地点，她整整跋涉了四个小时。对一个健全人来说，这样的时长差不多可以来回两趟。面试却相当短暂：考官让她把轮椅推到一张桌子旁，给她倒了一杯开水，说了一声"你好"，让她填写一张表格，最后说了一句婉拒的话，整个过程

只用了不到四分钟。

四个小时的奔波换来的是不到四分钟的"展示"。这个事实，她坦然接受了，因为此前她所经历的类似面试已经不下十次。事实上，每一次她都是带着笑容，推着轮椅出门，然后去面对一个又一个艰难。她说，也许天使正在休年假，但是，出了门，就应该满怀希望。

终于有一天，一个拍客真实地记录下了她的艰难、她的笑容、她的执着。她的故事感动了千万人，人们伸出援手，帮她租下一个摊位。后来，很多人都到她的摊位购买东西，她的生意一天比一天好起来。

就这样，轮椅女孩谭伊玲凭着永远阳光的心态，顺利地通过了一场由千万人充当考官的人生面试。其实，任何一个比她处境好的人都有理由相信，门外肯定会有某个地方的天空正阳光灿烂。因为天使不会永远休年假，爱或许就会出现在下一段跋涉的征途中。

在谭伊玲的人生中，虽然上帝跟她开了个玩笑，让她一生都不能像正常人一样行走，但是她在自己的坎坷与磨难中看到了自己的生命之光，她一直相信天使不会永远休年假，只要她一直怀着虔诚的心不停地追逐，不停地奋斗，那么总有一天她会看到爱和光明。当然她的努力都没有白费，可能在她独自推着轮椅行走在刺骨的寒风中的时候，当她辛辛苦苦为了一场面试进行四个小时的跋涉的时候，天使就已经看到了她，而生命之光也来到了她的身旁，所以她的人生注定是要成功的。

这个世界上没有那么多的不幸与绝望，只要我们能够给自己一些期许，能够在任何时候都给自己一丝希望，只要我们能够用自己的坚固的心灵去不断地追赶生命中的那些光芒，那么我们就能够在孤寂与落魄中看到希望，我们就能够在艰难与挫折中感知顽强，我们就能够在一些不幸的岁月里找到幸运，让自己的人生攀上一个又一个的高峰。

心灵絮语

生命中并不尽是不幸与挫折、困难与失望，有时候在我们遇到挫折与不幸的时候，如果能够心怀希望，能够不停地去努力奋斗，那么指引我们人生的那束光也会及时地出现在我们的生命中，带领着我们走向真正的光明。

集聚心灵能量，实现自我救赎

心灵的力量是伟大的，如果在我们的一生中能够聚集自己的心灵能量，那么不管我们遇到怎样的挫折，不管我们遇到怎样的坎坷，在面临绝望走到了悬崖的时候，我们也能够实现自我的救

赎。因为心灵的力量就是如此，只要我们能够将它的能量聚集起来，那么就没有什么不可能。

有人说，人这一生就是一个不断自我救赎的过程，如果你在任何时候都能够进行自我救赎，那么你的一生也就不会有什么大的问题。的确如此，在我们的一生中会有很多的坎坷与磨难，也会出现疾风巨浪，有时候我们也会感觉到失望与绝望，有时候甚至不知道自己的路如何走下去，但是，如果当我们面对这些人生中的挫折与磨难，我们倒下去了，不能够实现自我救赎，那么我们的一生就只能在失望与不顺中度过了。

实现自我的救赎，可能有人觉得这似乎是一个过于深奥的事情，一般人都无法懂得，也在自己的一生中很难做到。其实实现自我的救赎并不是一个多么深奥难懂的事情，也并不是说在我们的一生中无法做到，只要我们能够聚集自己心灵的力量。

在伤心的时候不要一直沉溺于悲伤，而是要适当地想想那些开心的事情，也可以幻想一下未来；在遇到困难的时候不要想着失望或者是绝望，而是将自己的眼光放长远，用一份开阔的心去想每一件事情，相信绝处能够逢生；在失去一些重要的东西的时候也不要想着自己失去了那么多，而是要看看自己现在拥有些什么；在承受失败的时候不要想着倒下，而是要坚强地面对一切，用所有的信息去与失败挑战……这一切都与我们的心灵有关。当然人生本来就是一场生命的旅程，如果我们能够妥善管理自己的心灵，在任何时候都能够将自己心灵的力量积聚起来，那么不管遇到什么事情，不管遭遇了什么样的挫折，我们都能够看到光明，也能够实现自我的救赎。

　　一个18岁左右、衣衫褴褛的男孩，在华盛顿朗方广场地铁站口找了个合适的位置，他将一个废弃的垃圾桶当作桌子，把小提琴规规矩矩地摆在上面，刚被打开的旧琴盒放在脚边，他趁人不注意，从怀里找到几美分的硬币扔进琴盒里。

　　做完这些后，他仰起头肆意地享受着地铁站口洒下的几缕阳光。他的表演开始了，他计划着今天能有多少可观的收入，并且想着省下一顿午餐后，能够有一顿丰盛的晚餐，也许还可以买上一只香甜可口的鸡翅，不过这一切都取决于今天的收入情况。

　　陌生的路人带着怀疑的眼神从他的身边匆匆而过，狭窄的地铁站口响起悠扬的乐声，与人们的咳嗽声、说话声掺杂在一起。在这里，几乎没有人在意他的存在。

　　不过，执法者在意，因为他实在有碍市容。一个戴着彩色礼帽的人要求他立即收拾家伙离开此地，因为有人检举此地有不雅音乐传播，极大地影响了华盛顿作为世界名都的风采。

　　他依旧故我，没动地方，已经穷到天不怕地不怕的地步了，任凭你东西南北风，能奈我何？

　　执法者显然怒不可遏，他又采取其他措施试图撵走这个年轻人，但是他失败了，这个年轻人依然站在原地沉浸在自己的音乐世界中。执法者扬起了右手，一记耳光准准地掴在年轻人的脸庞上，音乐声戛然而止，年轻人的嘴角沁出了丝丝鲜血。

当音乐声再次响起时，执法者无奈地摇头离开了现场，他不服输地对年轻人吼道："明天，你必须离开这个地方！我还会来的，如果你一直还不走，我还会揸你耳光，如果你不走，我会每天送你一记耳光，直到你离开这个地方。"也许是执法者粗鲁的行为惹了众怒，许多人围拢过来，有的好心人还将纸巾送给年轻人，让他擦去嘴角的鲜血。傍晚时分，终于有位老者注意到了他，静静地听了许久，眼角闪现出点点星光。

那一日，他听到了从未有过的赞赏。老者对他说："年轻人，你很有前途，你拉得很好，只是太稚嫩了。"

第二天上午，那位执法者准时出现在他的面前，他看到这个年轻人依然如此心无旁骛，简直是对自己尊严的一次致命挑衅，他扬起左手，又将一记耳光深深地印在年轻人的脸上。这一次，年轻人的音乐声没有停下来，只是带了些许悲伤。年轻人在这个地铁站口一共待了78天，也挨了执法者78记耳光。有人说这个执法者太残酷了，也有人说这是一种炒作，是为了提高这个年轻人的知名度。

但无论如何，两年后的一个春天，在波士顿交响乐厅举行的演奏会上，票价100美元的音乐厅内座无虚席。人们欣赏着这位意气风发的年轻人精彩绝伦的演出，有人说他是世界上最出色的小提琴家，他的演奏中有着浓郁的生活气息，很容易听懂。这个人就是乔舒亚·贝尔，当他谈到自己的成功的时候，对当年的耳光不无感慨：开始时自己感觉委屈，后来便想着与执法者较劲，心思反而更加缜密，感受更加真切起来。灵魂被触痛的感觉，使自己一下子找准了生命的坐标。

那一次次的耳光与那些疼痛，让他的灵魂也被触痛了，所以他积聚了所有灵魂的力量，找到了生命的坐标，并且成功地实现了自我的救赎，这就是乔舒亚·贝尔成功的秘诀。可能有的人会想，那么多的耳光会将一个人的意志消磨殆尽，也会让一个人郁郁寡欢、一蹶不振，但是为什么却打醒了乔舒亚·贝尔，让他攀上了人生的高峰呢？

其实这就是成功与失败的秘诀，生命中的打击与失败、疼痛与哀伤会让有些人厌倦自己的人生，也会让他们一蹶不振，但是也会让有些人醍醐灌顶，突然醒悟，从而积聚心灵的力量实现自我救赎。如果生命中的那些打击与失败让我们想到的只是放弃与哀伤，那么我们永远也只能沉溺在失败的泥沼中，但是，如果让我们想到的是积聚所有的力量，不断地奋发向上，那么成功将会在不远处向我们招手，当然我们也就实现了自我的救赎。

心灵絮语

如果我们的人生遇到了挫折，走到了绝望的悬崖或者是陷入了不能自拔的深渊，这时候我们不要期望别人会救助我们，因为很多时候我们能做的只能是自救。只要我们能够积聚自己心灵的力量，在任何的困难与挫折面前都不低头，坚持下去，那么总有一天我们会彻底地实现自我的救赎，让自己的人生散发出耀眼的光芒。

做自己的老大,人生本该自己主宰

谁是我们人生的主宰?谁是我们生命中的老大?可能很多人都会说是自己,因为很多人相信自己的命运掌握在自己的手中。但是在现实的生活中谁真的能够做自己命运的主人,谁真的能够将自己的命运紧紧握在自己的手中,那么谁就是真正的成功者。

有人说上帝在额外的地方创造了另一个完美的世界,在那个世界里没有任何的痛苦也没有什么悲伤,在那个世界里所有的人都生活得平安幸福,当然所有的人都是自己生命的主宰,任何的愿望都能够实现。当然所有的人都知道这只是一些人的不切实际的想象或者说幻想,因为生命本来就是一段艰苦的旅程,在这段旅程里快乐与悲伤会伴随着我们,那些成功与失败也跟随在我们的左右,当然时不时地我们也会遭受一些磨难,甚至有时候也会陷入深深的绝望,但这才是真实的人生。

真正的人生中总是有着一些不如意的地方,真实的生命中也总是有着一些我们无法预料的事情发生,当然我们也会遇到很多的挫折与磨难,会免不了沉浸在逆境的旋涡中无法自拔。当然在真实的世界中,我们每个人只是渺小的个体,对于很多的事情都不能改变，对于很多的结果也会无能为力。所以很多时候面对这样的境遇，很多人就开始消极，在厄运缠绕的时候就丧失了对生活的信心，让自己的生命在黑暗中备受煎熬，并且自暴自弃。

其实人生中也有那么一些希望，我们的生命也并不是无能为力的，只要我们能够心中拥有希望，在任何时候都能够怀着勇气与信心去与那些困难与挫折挑战，去与那些厄运拼搏，那么总有一天生命的主动权会握在我们的手中，我们也会成为自己真正的老大，当然人生也会被我们自己主宰。

男孩的家里很穷。他没有显赫的父母，没有漂亮的衣服，没有值得夸耀的一切，男孩非常自卑。在校园里，他总是躲着那些有钱人家的孩子，见到流里流气的人就退避三舍。尽管如此，他还是经常被欺负，有时还会无端地挨一顿打。男孩的天空乌云密布，他心里郁闷极了。但不屈的男孩心里总有一个强烈的声音在不停地发问："我什么时候才能体会成功的滋味呢？"

学工劳动日来了，男孩跟着老师和同学们到一家食品厂劳动。孩子们的任务是手工清洗罐头瓶子，瓶子都是回收的，脏兮兮的，不注意还会弄伤手指。但男孩儿很兴奋，因为老师宣布开展劳动竞赛，看谁刷的瓶子最多。

他想：自己还从未得过第一，今天我得好好努力，一定要得到它。用心的男孩很快掌握了刷瓶子的要领，他干得特别起劲，低着头不言不语，不停地刷啊刷。别的同学偷懒时，他在刷；别的同学聊天时，他在刷。刷了一个又一个，他的小手被泡得又白

又胀，他的腰累得又酸又疼，但男孩的心里充满了快乐。那一天，他刷了 108 个瓶子，是参加学工劳动的所有同学里刷得最多的，他得到了他生命中第一个"第一"。

这件事成了男孩人生的转折点，自卑的他从此挺起了胸膛，迈开大步向成功跑去。30 年过去了，男孩成为计算机自然语言处理领域中最有才华的科学家之一，他就是微软亚洲研究院的主任研究员周明。他拥有很多重要的科研成果，最匪夷所思的是他在根本不懂日语的情况下发明了中日翻译软件。然而，他心中最珍惜的财富，是他小时候在学工劳动中刷的 108 个瓶子。

他说："我原来一直是没有自信的，但是这件事给了我自信。就是从那天起，我知道无论什么事情只要我肯干，就一定可以干好。我发现了天才的全部秘密，其实只有 6 个字：不要小看自己。那一瞬值得我一辈子记忆。我知道我的生活完全不同了。"

不要小看自己，这是周明从自卑走向成功的对人生最好的诠释，也是他取得人生的辉煌的重要法宝。虽然他曾经只是一个被别人看不起的穷人家的孩子，虽然在同学中间他曾经是那样的自卑，但是当他用自己的双手奋力拼搏争取赢得第一的时候，当他明白自己可以把握自己的命运的时候，他的命运彻底地改变了，因为他做了自己生命中的老大，他成了自己生命的主宰，而不是别人，也不是什么神秘的力量。

可能在我们的生活中有很多人像小时候的周明一样，因为一些原因很自卑，也因为一些外在的关系，人生之路走得很坎坷，但是我们要相信，在冬天过去以后会有春天的到来，人生不是一直处在不幸之中，只要我们能够不断地积极向上，努力奋进，当然如果真的是不幸，那么我们就要寻求改变，用自己的力量去改变自己的人生，去改变自己的生命。

就像我们在工作中遇到烦恼的时候，在上司给我们难堪的时候，不要丧失自己的信心，要将工作做得最好，然后让那些挑剔我们的人无话可说；在我们遭遇失恋，被自己的恋人舍弃的时候，虽然很伤心，但是我们不能够对爱情失去信心，我们要更用心地去追求自己的下一段幸福；当我们遭遇到生活中的困境的时候，我们也不要一蹶不振，我们要从困境中坚强，要在失望中找寻到希望。就这样，我们慢慢地去主宰自己的人生，当自己人生的老大，相信在这样的信念的支持下，我们的人生也会收获最大的成功。

心灵物语

命运不是来自于上帝的安排，也不是我们虔心地膜拜就能得到好运，命运是把握在自己手中的，也是由自己创造的。在面对厄运，人生陷入困境或者是濒临绝望的时候，如果我们还能够坚强如初，能在绝望中看到希望，并且不断地与命运搏斗，那么总有一天我们会赢过命运，也总有一天我们会实现自己所有的愿望，从而收获幸福。

山的那一边，是海；心的那一边，是爱

人的一生中会有很多的大山挡着我们的去路，也会有很多的事情只能搁在自己的心头。那么究竟在大山的那一边是什么，我们如何才能够跨越过重重的高山，在心的那一边究竟是什么，我们怎样才能够到达心的那一边呢？其实在山的那边是海，在心的那边是爱，只要我们努力去追寻，那么我们就能够到达山的那边，到达心的那边，收获幸福。

有时候在想，人这一生都在追寻些什么？看着路上行色匆匆的人群，看着站在拥挤的公交上还要手拿着面包喂饱自己肚子的人们，看着那川流不息的车辆并且听着那无休止的噪声，突然很想知道，他们在追寻什么？可能有的人会说他们在追求自己的理想，有的人会说他们在追寻生活，也有的人会说他们只是不知道应该在哪里停下来而已，所以只能不断地追寻，他们也不知道在自己不断地追寻中会得到些什么。

虽然在追寻的路上会遇到很多的大山挡住自己的去路，虽然在追寻的过程中有时候也会让悲伤占据自己的内心，让那些无端的愤怒燃烧，并且有时候在追寻的路上也会感觉到无尽的绝望与哀伤，但还是不想停下脚步，还是要不断地追寻。可是令人遗憾并且伤心的是有的人追逐了一生还是不知道在山的那一边是什么，追逐了一辈子还是不知道自己追寻到了什么样的结果。其实在追逐的过程中，并不是他们不努力，只是他们不知道自己的目标在哪里，所以只能终其一生去不断地追寻。当然在追逐的过程中他们也渐渐地遗失了自己的心，也不知道怎样才算是爱，什么样的人生才算是幸福。

其实，人生是需要追寻的，我们也应该不断地去为自己的生活努力，但是在努力的时候我们需要一个明确的方向，我们也要相信在重重的大山后面是辽阔的海洋，这样我们才能因为想要看到阔大的海洋而在努力的时候感到自己的生命力的扩张，也能够在遇到艰难困苦的时候能够笑着坚持下去。只有我们明确了自己的方向，在追寻的时候懂得生命的意义，那么在追寻的途中、在匆忙的脚步中，我们就不会迷失，也不会将幸福丢掉。

当然爱也是需要追寻的，可能在刚开始的时候我们并不懂得怎样才算是爱。在小的时候只知道自己玩得高兴，也不会在乎在我们玩的时候父母承受的是怎样的压力；可能我们会显得很调皮，总是让父母担心；当然可能我们也会很容易惹事，一点也不乖，也不知道在自己的背后父母付出的是怎样的辛酸与努力。但是当有一天我们开始懂了的时候，才明白父母一直都是满心希望地在等待着我们长大，他们一直知道总有一天他们能够看到我们长大成人，并且懂事，所以等到我们真正长大的时候他们的爱才有了一点依靠，他们的追寻才看到了一丝丝回报，他们也感受到了追寻中的幸福。

　　小舞从小就是个不让大人省心的孩子，身体瘦弱，三天两头生病，整天病恹恹的，还哼哼唧唧地哭。曾经一度她家里人很担心她会夭折。但是小舞的母亲不相信，她说自己的孩子命在骨头里，一定能长大。她几乎一天24小时不离身地照顾着小舞。

　　有句话是这样说的，每一个顽劣的孩子都是父母的债务。小舞可以说不仅是讨债鬼，还是一粒沙，落进母亲眼里的沙，给了她无数折磨，让她流过太多痛苦的泪水。

　　后来小舞终于背上书包上学了，和所有淘气孩子一样开始给自己的母亲惹麻烦。拔生产队的萝卜，打破同学的脑袋，上学不守纪律甚至逃课。她的母亲替她接受生产队的处罚，拉着她到同学家道歉，一趟趟央求老师原谅她。当然在这之后，小舞也被自己的母亲罚站墙根，她一边数落小舞，一边自己落泪。

　　上高中时，小舞的成绩很好，很有希望考上一所好大学，她母亲很高兴。然而不幸的是小舞陷入了一场不该有的早恋。老师严厉批评小舞，但是在小舞看来老师思想落后、顽固专制，所以就坚持自己有追求爱情的权利。老师找上家门，把小舞的事告诉了她父母。父亲打了小舞一耳光，当时的小舞气愤极了，所以就选择了离家出走。

　　两天后，母亲找到了小舞，没有责备，只是心酸地说："儿啊，无论怎样，你咋能抛弃妈妈呢?"那一刻，小舞的泪水不可遏制地流了下来："妈妈，我做错了。"小舞经常听自己的母亲说天下没有不乖的孩子，只有不称职的父母。而小舞知道，她自己的母亲，用无私的爱把她从一粒沙变成了一颗珍珠。在母亲心的那一边，她感受到的是浓烈而又坚韧的爱。

虽然只是一个普通的母亲，但是她有着自己的追寻，在她成为母亲的那刻起，她的孩子就是她追逐的脚步，不管前路多么艰难，不管要经历多少挫折，她始终相信在山的那一边一定是海，而有一天她的孩子终会知道，在自己心的那一边一定是爱，当然这些爱就是母亲给予自己孩子的最大的祝福。故事中小舞的母亲就是这样一个不断追逐的母亲。虽然她的孩子让她不断地操心，让她不断地担惊受怕，也让她经历了很多的挫折，但是她还是没有放弃，还是坚持了下来，用自己的爱将自己的孩子从一粒沙变成了一颗珍珠。

其实在我们的人生中所有的追逐都应该是这样的，不管前路多么坎坷，不管在途中有着怎样的惊涛骇浪，但是，如果我们能够坚持下去，能够不断地朝前走，不断明确自己的方向努力奋斗。那么总有一天我们会实现自己的梦想，总有一天就算挡在我们面前的是重重的山脉，最终我们也能够看到海洋，当然总有一天我们可以通过这些经历感受到人生最大的幸福与美好。

心灵絮语

人生中的每一次追逐都应该有明确的方向，人生中的每一次追逐我们都应该积极向上，而不是半途而废。因为那些生命中的

终点、那些我们想要的回报往往都到来得很晚,有时候甚至是在我们濒临绝望的时候才能够得到,所以只有我们不放弃希望,不断地去追寻才能够在山的那边看到海,在心的那边看到爱。

失去的时候别急着去悲伤

人生就是一个不断得到与失去的过程,在得到的时候我们总会满心欢喜,也感叹命运对自己的仁慈;而在失去的时候我们往往会显得过于悲伤,有时候甚至有被世界遗弃了的感觉,一蹶不振。其实人生中的得失都只是人生命的一个过程,如果我们能够看开,在失去的时候不着急去悲伤,而是振作自己,重新努力,那么说不定我们得到的将是生命中最宝贵的东西。

在我们的生命中相信很多人都有这样的一些经历:不小心丢掉了爸爸刚买给自己的一支钢笔;将存了好久的钱全部丢掉了;谈了好几年的恋人突然跟自己说分手,离自己而去;本来准备了很久的一次演讲因为自己的紧张被搞砸了,等等。这些事情都在诉说着我们人生中的失去,也在不断地向我们讲述人生。可能有的人在失去这些的时候感觉到很困惑,也会感觉到哀伤,有的甚至是沉溺其中不能自拔,可是我们要知道,那些东西已经失去了，无论我们再怎么悲伤也已经追不回，如果在失去的时候我们只是一味沉溺于悲伤，那么我们失去的可能会更多。

在丢掉爸爸给自己买的钢笔的时候，我们如果一直都沉溺于丢弃的痛苦之中，那么也就相对地丢掉了爸爸当初给自己钢笔时希望给我们带来的愉悦；在丢失了存了很久的钱之后，如果我们只是在那里不断地抱怨自己的大意，而不知悔改，那么可能以后我们还是会丢掉别的东西；在谈了几年的恋人拂袖离去之后，如果我们只是一蹶不振，沉浸在失恋的痛苦中，并且因此让心灵受了伤，从此不再相信爱情，那么我们可能就会错过出现的幸福……人生没有那么多的时间让我们去悲伤，也没有那么多的机会让我们沉溺于痛苦，当然也没有那么多的时间让我们跟失去的东西不断地纠缠，因为人生很短，有时候短得只是一瞬间我们就已经过完了大半辈子。如果我们只是一直沉溺于失去的悲伤，那么生命中很多的风景将会被我们白白地错过。

有这样一个故事。一个人坐在轮船的甲板上看报纸，突然一阵大风把他新买的帽子刮落到大海中，他用手摸了一下头，看看正在飘落的帽子，又继续看起报纸来。另一个人大惑不解："先生，你的帽子被刮入大海了！""知道了，谢谢！"他仍继续读报。"可那帽子值几十美元呢！""是的，我正在考虑怎样省钱再买一顶呢！帽子丢了，我很心疼，可它还能回来吗？"说完那人又继续看起报纸来。这时候那个人才恍然大悟，自己不是一直在追寻怎样才能看清楚人生、看开那些生命中的痛苦吗？如果自己能够

做到像眼前的这位先生一样，那么生命中的那些困惑与悲伤不就会消失无踪了吗？想到这里，他满足并且开心地笑了。

故事中的那个人虽然自己新买的帽子因为大风掉进了海里，但是他一点儿都没有在意，只是看看飘落的帽子，继续看起了自己的报纸。这所有的一切让身边的另一个人感到疑惑，所以就不断地提醒他帽子掉了有多么的可惜。但是那个人还是继续看自己的报纸，并且告诉他说帽子丢了自己也心疼，但是回不来了。听着的这个人在听到丢帽子的人所说的话之后才恍然大悟，那些失去的东西已经回不来了，就算你多么地后悔，多么地自责，多么地想补救，都已经不可能了。

其实在我们的人生中也是如此，那些失去的东西就算我们有多么的不情愿，但是失去的已经失去了，我们根本无法挽回，如果我们只是一味地深陷其中，那么错失的可能就会更多。如果在失去的时候我们只是着急着去悲伤，而不去思考自己为什么会失去、是怎样失去的，那么在下次同样的事情中我们还是会走原先的那条路，也还是会再次失去；如果在失去的时候我们只是将自己沉浸在失去的痛苦之中，而不去理身边的事情，让自己不能够正常地生活正常地工作，那么我们可能就会连生活也变得一团糟，让工作也会变得很尴尬。其实人生有很多的事情等待着我们去做，如果我们只是为了一点停留，那么我们的人生也只能在小小的暂停中远离成功。

那一年高考失利后，王琦选择了复读。由于心情低落，再加上受班上同学的蛊惑，王琦学会了抽烟喝酒。

一个晚上，同学们相约一起去市中心广场看晚会，晚会结束后又去吃了夜宵。等走回学校围墙边时，已经是晚上12点了。他们蹑手蹑脚地爬过围墙正要往寝室走，忽然一束灯光照了过来。

是校长！同学们见状顿作鸟兽散。王琦也想跑，但手电的光一直锁定在王琦身上，王琦进退两难，只好站在那儿不动。校长大汗淋漓地跑过来问："你这是从哪里来啊？"王琦赶紧捂住嘴，怕满嘴的酒气被他闻到，更怕他把事情告诉父亲。王琦压低声音说："我回家了。"校长往前走了两步："回家可以正正当当地请假，何必偷偷摸摸爬围墙呢？是不是有隐情？"王琦愣了一下，连忙说："今天是我爸生日，他十年都没回家了，所以我就偷偷溜回去看看。"校长笑了："以后不要这样做了，要是真想让你爸爸高兴，你就考个好大学给他看。"

这时，校长又带王琦去他家。到家后，校长给王琦倒了杯茶，又用热毛巾帮王琦敷脸，就像一个父亲对子女那么温柔。王琦的心不由得酸了。校长把王琦带到窗边问："孩子，从这里你能看得到体育馆吗？"王琦摇摇头。校长又把王琦带到顶楼："那么，现在呢？"王琦不假思索地点头："是的，我看到了，好美的体育馆。"校长拍拍王琦的肩膀说："人生就好比攀登，因为在低处看不到远方的风景，所以你只有努力，不遗余力地努力，让自己站得更高。孩子，我想告诉你，一次失利不要紧，最关键的是要调整心情，继续奋斗。"

从校长家出来后,王琦把寝室里偷偷藏的烟酒扔进了垃圾桶,开始认认真真地复习,不再逃课,把一切杂念都抛诸脑后。第二年,王琦考上了理想的大学,之后是硕士,博士……

因为生命中的一次挫折,因为生命中的一次失利,王琦就在情绪低落的泥潭中不可自拔。但是在得到校长的鼓励之后,王琦知道自己错了,因为一次失去而不断地浪费着人生就是一种愚笨,也是在给失败找机会。所以他决定站立起来,迎接新的人生。当然他做到了,因为他撇开了已经失去的东西,真正地在争取自己可以得到的。

在人生中不管我们失去了什么,不管我们在失去的时候是多么悲伤,但是,如果我们一直沉浸在悲伤之中,那么我们失去的就不止是现在所失去的,我们失去的可能会更多。所以,在我们的生命中不管失去了什么,在失去的时候都不要急着去悲伤,而是要检讨自己,调整自己的心态,让失去变得更有价值。

心灵絮语

人生中总有一些东西会在我们的生命中远去,也总有一些东西会被我们丢失,如果在失去的时候我们只是一味地沉浸在失去的痛苦中,或者因为失去而一蹶不振,那么我们的人生就只能在失去中懊悔,当然成功对于我们也就会变得遥不可及。

跟随心灵指引，拨开茫然迷雾

在一生中，很多的路都需要我们自己前行。在前行的路上，所有的苦痛以及悲伤、所有的失意以及彷徨都需要自己来承担、消化，然后再通过自己心灵的指引转变成势不可当的力量，这样我们才能够拨开茫然的迷雾，才能够在孤独的路上靠着心灵的指引磨炼自己，成就自己。

所有的一切都像是在潜移默化中进行，就像宫崎骏的动漫里的千寻，她一开始也不知道自己要去哪里，也不知道自己闯入了一个怎样的世界，她只是跟着自己心灵的指引来到了那里，然后跟着自己心灵的指引做了那些事情并得到了一些人的帮助。其实在我们的人生中，很多时候我们也不知道自己会闯入怎样的一段生活，也不知道在前路的茫然迷雾中会有怎样的际遇，但是我们只要确信一点：跟随自己心灵的指引，那么我们也会在前进中明确自己的下一段旅程乃至整个人生。

跟随心灵的指引拨开茫然迷雾，因为在我们的人生中有太多不确定的东西，有时候在行走的途中我们也会突然间遇到迷雾，看不清前方的路，这时候如果我们只是想着等到雾散开了再去行

走,那么可能很多的时间都会被我们浪费在等待中,当然也就会错失一些珍贵的际遇。所以,在人生的途中遭遇迷雾的时候,我们要保持自己内心的清醒,让脚步随着心灵的指引不断前行,那么就算是再大的迷雾也遮挡不住我们前进的脚步,再茫然的环境也阻挡不了我们的梦想。

就像是有人说的,心灵就像一盏明灯,总能够在最黑暗的时候指引我们的航行。的确,在我们的人生中总需要那么一盏明灯在我们茫然失意的时候,在我们看不清前路的时候,在我们迷失方向的时候给予我们指引,只有这样我们才可能不在浩瀚的大海中迷失方向,只有这样我们也才能一直保持着自己,当然只有这样我们才能在面对困境、面对坎坷的时候依然奋发向上,挑战自己,迎接成功。

2010年4月26日,泰晤士河畔一年一度的伦敦马拉松比赛再次亮相。

作为一项群众参与性很高的比赛,伦敦马拉松的参与者向来分为两类:一类是正儿八经参加比赛的,其中包括大批马拉松职业选手;而另一类则以参赛为乐,他们把比赛当成了化装舞会,个个身着奇装异服,有的甚至穿上中世纪骑士的铠甲,或者把自己装扮成一个魔方……

而在这36000名参赛人员中,有一位最为特殊的人物——英国皇家军官菲利·帕克,他把比赛看成是生命中最重要的一场战役。

他 16 岁加入英国皇家空军。但现在，别人只用 3 个小时左右的时间就能跑完全程，他却用了 13 天。

早在 2007 年 11 月，他被派到伊拉克巴士拉，4 个月后的一天，当他驾驶一辆卡车在山路上快速行进时，遭遇了一枚火箭弹的袭击。他从卡车里纵身跃出，不幸的是，被击中的卡车前后轮相继碾过他的上半身，他的心脏受到撞击，肋骨断裂，脊椎也受到严重伤害。诊断结果很残酷——他的运动神经完全受损。医生告诉他："你的双腿已经完全瘫痪，再也不能靠双腿站立走路了。"

帕克回国后，一直在国防部康复中心疗伤，在工作人员的帮助下，他咬紧牙关坚持锻炼。最后，双腿截瘫的他竟能依靠两根拐杖奇迹般地站立起来，并成功迈出了受伤以后的第一步！坚强的帕克用毅力和行动证明医生"预言"的失败。

这艰难的一小步给了帕克巨大的鼓舞。在 2008 年夏天出院之后，他开始重新规划自己的未来，寻找挑战，恢复身体的功能，证明自己的价值。于是，他出现在了 2009 年伦敦马拉松比赛的赛场上。

"帕克参加马拉松比赛，几个月前就不被任何人看好。但这将是一个前所未有的巨大挑战。"帕克的主治医师阿兰感叹道。

毫无疑问，帕克迈出的每一小步，都需要大脑的高度集中，都要通过大脑神经系统将前进的指令传达到他的脊椎，再传达到他的肢干。这 42.193 公里对正常人来说都不算轻松，对于他，更是一段漫长而曲折的道路。

"在我的概念里，42.193公里其实很简单，是可以完成的。我现在还是一名士兵，我要在比赛中表现出决心。"帕克说。

13天之后，当走完大约52400步的帕克穿过伦敦詹姆斯公园的终点线时，现场人山人海，人们向他表示热烈的欢迎。曾经5次获得奥运会划船比赛冠军的英国奇人斯蒂夫向他颁发了一枚特别奖章。

终点线上，帕克流下了激动的泪水。面对记者，他说："我要向世人证明，即使人最重要的脊椎神经严重受损，不能走路，但生活还是要继续，因为生活是你能做的一切。"他的话可以为身体有障碍的人们鼓起生活的风帆。所有的人都坚信他的话，因为这些话将给人生遭遇种种变故、饱受创伤的心灵带来明媚的阳光。

身体受伤了，但是心灵却没有蒙蔽住自己的眼，还是在他的人生中给予他正确的指引，引导着他积极向上，挑战自己生命的高度。这就是英国皇家军官菲利·帕克，他用13天的时间用自己有着残疾的双腿走完了长达42.193公里的路程，虽然这样的路程在别人只需用3个小时左右的时间来完成，但是他还是想要走下去，想要在不被任何人看好的挑战中赢得自己，当然他的坚持没有白费，他成功地挑战了自己，也向世人证明了虽然在自己的生命中遭遇了厄运，但是生命依旧要继续下去，只要我们的心灵没有枯竭，那么我们的脚步还是要在人生之路上继续下去。

在我们的人生路上会有很多意想不到的事情发生，也会有很多困境在前面等待着我们，就像故事中的菲利·帕克，他也不知道自己的生命会遭遇这样的事情。但是，不管我们在前面的路上会遇到什么样的事情，会遭遇怎样的挑战，只要我们能够跟随自己心灵的指引，不断地去完成一个又一个人生的挑战，那么在我们的生命中也会拨开茫然迷雾，看到明媚的阳光。

生活在这个纷扰喧嚣的世界上，生活在这个什么事都有可能发生的人世间，我们需要给自己的心灵随时注入阳光，我们需要在遇到任何困境的时候跟随着心灵的指引坚强地走下去，而不是在遇到迷雾与彷徨的时候一蹶不振，停下自己的脚步，因为那样可能一生的脚步都会停留在那里。

放飞自己，就会看到世界的辽阔

很多时候，不是这个世界太小容不下我们，只是我们将自己封闭了起来，让自己无法看到世界的辽阔，也无法享受到生命中的温暖，所以总觉得伤心失意。其实在生命中只要我们能够敞开

身心，放飞自己，那么辽阔的世界会立刻驻扎在我们的生命中。当然那些所谓的困难与挫折，那些人生中的潮湿与尴尬，也会在瞬间灰飞烟灭。

有时候觉得自己总是在一个小小的空间里，在这个空间里一直都是那些人，一直都是那些摆设，一直都是在重复着同样的日子，当然一直也都是那些情绪。可能有人会说这样的日子不枯燥吗？曾有一段时间确实觉得很枯燥，但是慢慢地也就习惯了，因为觉得每个人都有自己的生活方式，可能这只是自己的生活方式而已。但是当有一天这种生活将自己压得喘不过气来，觉得将自己逼得将要发疯的时候，内心中的渴望就像是那泛滥的洪水一样，怎么挡都挡不住，因为想要走出去，想要呼吸新鲜的空气，想要享受温暖的阳光。

在一个空间里待的时间过长，就算这个空间曾经是自己一直追寻的，但还是会在某一天，在某一段时间里觉得这个空间是对自己心灵的禁锢，也是对自己的一种折磨，是对生命的一种浪费。当然在有人听到这样的话语的时候会觉得这是对自己生活对自己曾经的追求的不负责任，但是只有深有体会的人才会觉得这样的话语虽然听起来不怎么舒服，却也是事实。

就像是一个天天在家洗衣做饭带孩子的家庭主妇，虽然在很久以前她就想要这样的生活，不想出去工作，想要做一个小女人经营自己的家庭，但是如果她的人生一直是这样的生活的持续，那么总有一天她会觉得厌倦，觉得自己的人生一直处于狭隘的状态。特别是当她看到外面世界的女人都画着精致的妆容，每天都在匆忙的脚步中带着让人羡慕的自信的时候，她也会想要去改变自己的状态，想要那样的生活。因为她觉得自己的世界过于狭隘，在自己的空间里有时候空气过于稀薄，让自己无法呼吸。可能有人说这只是一种内心的不满足，毕竟每个人都有自己的生活，但是实际上这只是对于人生的一种追求，只是想要将自己放飞得更远，让自己不要在重复中打发珍贵的生命。

在20世纪50年代朝鲜战场上的一场惨烈的阻击战中，20多岁的他永远地失去了双手，下肢从小腿以下也都被截去，他变成了一个"肉骨碌"，住进了荣军院。

看到自己成了处处需要人照顾的"废人"，他心情极为沮丧，绝望的他几次企图自杀都没成功——那时，他连自杀的能力都没了。

后来，在别人的讲述中、在影视作品中，他认识了奥斯特洛夫斯基、海伦·凯勒、吴运铎等一些中外钢铁战士，他们在残酷的命运面前的永不屈服的坚韧品性深深地震撼了一度迷茫的他——原来，生命的硬度远在钢铁之上。

于是，他开始近乎自虐地学习生活自理，在常人难以想象的跌跌撞撞中，他终于学会了照顾自己生活起居的本领，并毅然地告别了他完全有理由享受安逸的荣军院，回到了当时还很贫穷的沂蒙山老家。

不满足于只能做到生活自理的他，又拖着残躯无数次在山上

沟下摔打，带领着乡亲们开山修路、架桥引水、种树、建果园……直到贫困的山村真正地富裕起来，他这个无手的村支书一当就是30多年，令乡亲们敬佩不已。

从村支书的位置上退下来后，不甘寂寞的他为给后代留一份精神遗产，又开始艰难地写书——他用嘴咬着笔写字，用残臂夹着笔写字，用嘴、脸和残臂配合笨拙地翻字典。写上几十个字，都要累得他浑身是汗。

要知道，从未上过学的他，仅仅在荣军院的习字班里学会了几百个字，虽说他后来一直在坚持读书看报，但文学素养几近于零。很多人都不相信他以那样的文化功底、那样的身体条件，还能够写作，许多知情者劝他别自讨苦吃了，可他写作的信念毫不动摇，他硬是花了3年多时间，七易其稿，写出了令著名军旅作家李存葆都惊叹的撼人心魄的30多万字的长篇小说——《极限人生》。

他就是中国当代的保尔·柯察金——特残军人朱彦夫。

没有双手、双腿残疾、视力仅有0.25的朱彦夫，硬是凭着自立、自强的渴望，凭着挑战命运的坚韧与执着，打破了生活中的一个个"不可能"，以无手之臂书写了传奇人生，留下了熠熠闪光的生命篇章。就像他那部小说的名字一样，他打破了人生的许多极限，创造了耀眼的生命辉煌。

如果一直待在荣军院，一直将自己的生命锁定在残疾人的范围内，一直想要用自杀来结束自己的生命，一直在消极中度日，那么他——中国当代的保尔·柯察金特残军人朱彦夫，他的生命就不会绽放出如此的光彩，他也不会打破人生中的许多极限，成就自己人生的辉煌。就是因为他放飞了自己，不想让自己的生命局限在残疾人的世界里，不想成为什么事情都需要别人照顾的废人，所以他走出了那个狭隘并且充满着压抑空气的世界，飞到了更为广阔的天空。

其实我们的世界说大也大，说小也小，大的时候可以容纳天地，可以囊括宇宙，但是小的时候也只是一个人、一间屋甚至只是一个闭塞的角落，而究竟在我们的生命中有怎样的空间也是我们自己的选择。如果我们选择将自己封闭在一个空间里，那么外面的花香鸟语、外面的广阔世界将会与我们无缘，但是，如果我们能够放飞自己，走出来，那么温暖博爱的阳光就一定可以洒在我们的身上，当然我们也会在充满希望与神奇的世界里不断地成就自己人生的高度，不断地实现自己的梦想。

心灵絮语

世界不在任何地方就在我们的心里，如果心里的世界一直都是封闭阴暗潮湿的，那么即使我们再怎么努力也走不出去，如果心里的世界一直都是广阔无垠、可以自由飞翔的，那么即使我们处在一个充满荆棘的小路上，我们也能够走出自己精彩的人生，当然我们也能够触摸到最为广阔的天地。

顿悟篇

——瞬间明澈心扉，
点亮这一辈子的心灯

彻悟，就是燃亮自己心中的那盏灯。

第五章　扬起自我时代的风帆

人们常说"时势造英雄"。古今中外，历史上各朝各代各个时期都出过拥有各种救国救民事迹的英雄，他们的壮举体现出的是他们所属的那个时代的独有特征，他们的行动扬起的是自我时代的风帆。所以在现今的社会，我们在属于自己的时代应该扬起自我的风帆，给自己的人生种下光明的种子，然后去照亮自己前行的路，创造出属于自己的未来。

种下光明的种子，用它照亮自己

人生路上，人需要一盏心灯。有它陪伴，即使是一个人也不会孤单；有它陪伴，即使遇到困难也有十分的信心去解决；有它陪伴，即使是受到挫折也有足够的勇气去面对。这盏心灯是种在人内心的一颗光明的种子，它是人的信念，是人的梦想，是人的希望，是支撑人生活下去的精神支柱。

　　内心的精神力量是巨大的。"相信自己未来会成功"，虽说只是一句话，它却是一股实实在在促人向前的动力，不管你有多大的困难，只要能看到希望，你就能不断督促自己、鼓励自己。现实世界，每个人都有成功的可能，不管是体现在事业上还是体现在对自我的征服上。有时候我们会强烈地感觉到，人生就像是在爬山坡，选择放弃比继续向前更难，所以我们要相信，未来一定是美好的！史蒂芬·霍金患有神经系统疾病，病情相当严重，感觉器官基本都已堵塞，不能发挥应有的作用，说话也十分困难，行动有诸多不便，因为他只能依靠轮椅移动。然而，史蒂芬·霍金没有被自身生理的缺陷击垮，而是坚信自己一定会成功。他在主要研究的理论物理学上作出了杰出贡献，还写了闻名世界的著作——《时间简史》，对人们进一步认识宇宙提供了极大方便。著名女作家爱斯美拉达在生命的最后一刻仍然对未来抱有无限的希望，她的信念很坚定，她相信总有一天光明会照亮整个宇宙，所以她那短暂而又美丽的生命总是充满希望和欢乐。我们也要坚信，只要给自己信心，我们就会表现得很不好。

　　公元 123 年，为了整顿市容，伦敦政府组织民工拆除了整个全城陈旧的矮楼房，想要在原地扩建新道。然而新路却久久没能开工，旧楼房的地基任凭日晒雨淋，多年时间过去了，仍是无人问津。某天，几位有学识的大学生组建的旅游团路过这里，他们发现，在这一片多年来未见天日的地基上，近些日子正赶上雨水多，可能是接触了春天的阳光雨露，这片荒废的地基上竟长出了一片野花野草。更奇怪的是，其中有一些花草却是在英国从来没有见过的，它们通常只生长在地中海沿岸国家。这些被拆除的楼房，大多都是在罗马人沿着泰晤士河进攻英国时建造的，大概花草的种子也是在那个时候被带到这里的。它们被压在重楼之下，一年又一年，几乎已经完全丧失了生存的机会。但令人意外的是，它们绽开了一朵朵美丽的鲜花，却只需一丝阳光，一滴雨露。小小的种子真令人惊叹，它们是如此柔弱却又如此坚韧。一粒种子，即使被世人冷落数百年，依然蕴藏着生的希望；那么换作是一个人，当他处于困境时，又会是如何表现呢？1973 年的一天，一群进入某个沙漠地段的中国搬迁牧民，在茫茫的沙海里艰难地跋涉；正值炎热的夏季，在毒辣辣的太阳光下，漫天飞舞的风沙像炒红的铁砂一般，使劲扑打着牧民们的面孔。口渴似炙，心急如焚——大家的水都没了，每个人脸上的表情都是一种对死亡的恐惧和无奈。这时，年长的一位牧民拿出一只水壶，用充满希望而又坚定的口吻说："这里还有半壶水，但在大家都没穿越这片沙漠之前，谁也不能喝。"水壶在牧民们的手中相互传递，他们好像听到了水响的声音，也感觉到了凉意，这使牧民们濒临绝望的脸上又露出坚定的对生的渴望神色。仅剩的半壶水，成了穿越沙漠的信念之源，成了求生的寄托目标。终于，经过近三个小时的跌跌撞撞，牧民们顽强地走出了沙漠，硬生生地挣脱了死神的魔掌。大家喜极而泣，用颤抖的手拧开那半壶支撑他们活下来的精神之水——缓缓流出的，却是被太阳晒成深红的半壶沙子！牧民们吃惊地看着老者，他只是含笑点点头。

　　茫茫沙漠里，面对死神濒临的无助时，真正救了他们的哪里是那"半壶水"呢？他们执着地对生的信念，已经如同一粒种子，在他们心底生根发芽，最终领着他们走出了"绝境"。事实上，人生从来没有真正的绝境。无论遭受多少艰辛，无论经历多少苦难，只要一个人的心中还怀着一粒光明的种子，那么，总有一天它会引领你走出困境、走向光明，让生命重新开花结果。人一辈子就是这样，只要光明的种子依然还在，那么你的希望就一定会在。人人生而平等，上天赋予每个人生的权利，也赋予每个人成功的权利，就看你能否抓住命运之绳。

　　在日常生活中，虽然对生死的考验并不会时常发生，可内心的这粒种子依然对你我有特别重要的作用。即使是小老百姓，对生活也总该有点盼头，比如说，孩子会是母亲活下去的希望，妻子的幸福会是丈夫奋斗的内心动力，父母的健康是做儿女积极进取的信念……生活离不开竞争，竞争也不会再像古时一样靠暴力谋取利益，当下的社会，竞争更趋向文明化，它是每个个体之间自我实力的较量，失败者只能被淘汰出局。所以，种在心底的光明的种子，是你最需要的支柱，虽然那是个看不见、摸不着的东西，但它会时刻照亮你内心黑暗的区域，给你勇气和信心，让你在竞争中充满斗志，创造辉煌。

当然了，光明种子的法则只能在那些勤奋拼搏的人们手中运用自如，才会发出激励人上进的智慧之光，施展它应有的威力。所以，从这一刻起，静下心来，给自己找到一个好的信念，一个可以支持自己的信念，一个给自己希望的信念，迈开双腿，踏步向前。

让生命与众不同

一个人放弃自我意味着什么？意味着去重复别人，成天跟在别人屁股后面跑，把别人的特色认作是自己绝对应该追逐的东西，这样的人多半不能干成大事，即使小有所成，恐怕也是转瞬即逝。这一点对于想要有所作为的人来说，绝对是一大忌。

一个人的人生最失败的就是不做自己，不能在身体与精神上保持自己的本色，专想着成为别人，总喜欢复制别人的生活，最后一事无成。可反之，如果你坚持做自己，你就会成就一番事业。查理·卓别林也曾经迷失过自己。当他开始拍片时，不懂得

演技，于是他模仿当时的著名影星，结果票房惨淡，直到他开始成为他自己时，才渐渐受到瞩目；鲍勃·霍伯也有类似的经验，他之前有许多年都像当时的明星一样，登台就是唱歌跳舞，直到他发挥自己的个人魅力才真正走红；当玛丽·马克布莱德第一次主持电台节目时，她试着模仿一位爱尔兰明星，因为她觉得人家是大城市出生，学得像了就会有人欣赏，结果始终默默无闻，无人关注，直到她还原自己本来的面目——一位由密苏里州来的乡村姑娘，才成为纽约市最红的广播明星，在广播界占得一席之地；吉瑞·奥特利一直想改掉自己的德州口音，在外貌上也学习都市流行的时尚装扮，他还对外宣称自己是纽约人，结果是招致别人背后的讪笑，后来他开始演唱起乡村歌曲，才奠定了他在影片及广播中最受欢迎的牛仔地位。柏林与格希文第一次见面时，其名声早已闻名全国，而格希文却只是个默默无名的年轻作曲家。柏林很欣赏格希文的才华，以格希文所能赚的三倍薪水请他担任音乐秘书。但柏林劝告格希文："不要接受这份工作，如果你接受了，最多只能成为欧文·柏林第二。要是你能坚持下去，有一天，你会成为第一流的格希文。"格希文接受了柏林的忠告，并渐渐成为当代的知名作曲家。

人能来世间一遭，按西方神学的观点说，就是上天对你的眷顾，所以给你机会，一个让你重新安排自己人生的机会。当然我们知道，人的生命只有一次，人也只能活今生今世。既然生命如此珍贵，我们为什么还不珍惜，把属于自己的一切统统抹杀，去疲惫地追随别人的步伐，最后，落得个四不像。说实在的，被别人嘲笑那是极小的事，不足以挂齿。问题是，你觉得这样对得起自己吗？一辈子都活成别人了，把自己的灵魂丢一边，替别人再活一次，只能说你这人真是太伟大、太慷慨，以至于宁愿当别人的替身一辈子，辛苦一辈子，不知道究竟为了啥?! 还有的人，比如下面的马玲达斯基，在她人生刚开始的一小半，都是为别人活了，后来总算醒悟，做回了她自己。

生在俄罗斯一个小山村的马玲达斯基，打小就很胖，长得也不好看，等到16岁生日时，个子才1.46米，可以想象她会受到多么恶劣的嘲弄，她的内心会是多么的不堪一击，处处遭人白眼，还要笑脸相迎，人家喜欢她怎样做，她就立马改变自己原有的方式，只为博得众人的好感，以迎合别人的喜好。可怜的马玲达斯基，她活得太累，20岁，她长到1.56米，嫁了一位年纪大她7岁的先生，但她还是没有任何改变，她希望别人能喜欢她，能跟她做朋友。她的丈夫来自一个稳重而自信的家庭，她想要成为丈夫家人那样，和他们融为一体，但就是做不到。她努力模仿他们，却总是不能如愿。他丈夫几次尝试帮她突破自己，也都适得其反，她的情绪越来越容易失控，变得紧张易怒，害怕见到任何朋友，甚至一听到门铃声都非常惊慌！后来，马玲达斯基感觉自己就快要崩溃了。但她仍尽力维持一切安好，不希望丈夫发现真相，所以每次在公共场合，她都尽量装得十分开心，有时夸张得过了头。这种假装的快乐给她带来的烦躁与疲劳，让她产生了自杀的念头。但她最后没有自杀，而是充满自信地活了下来，只

因为关注到了一句不经意的话。有一天，她们家的邻居阿婆和她谈起她是如何教育自己的子女的，她说："不论遇到什么事，我都坚持让他们保持自我……""保持自我！"这几个字像一道灵光闪过马玲达斯基的脑袋，她发现所有的不幸都起源于她把自己套入了一个不属于自己的模式里。一夕之间她变了！她开始试着保持自我。她首先研究了自己的个性，认清自己，并找出自己的优点。她开始照着自己喜欢的方式说话行事，穿衣穿出自己的品位，不管别人是否会指指点点。她也开始主动结交朋友，并加入一个团体——虽然只是一个小团体。当他们让她筹办某项活动时，刚开始她很害怕，怕被嘲笑，但是通过每次的上台，她获得了很多掌声。很多人也都表示乐意接受现在的马玲达斯基。尽管这是一段相当漫长的过程，她花了相当长的时间来找到自我，但现在她比过去快乐了许多。

从这个故事中，我们可以看到任何人在这个世界上都是一个全新的、没得重复的一个人。不管是哪个艺术圈子，表演都是一种自我表达。你只能用歌喉演唱自己，用图片展现自己，用肢体演绎自己。不管好与坏，你都必须用心填充自己的内心花园，也不论成功或失败，你都得在生命的管弦乐中尽力演奏出属于自己的篇章。做自己才会活得更有价值、更有意义。我们应该为此而喝彩！

永远记住，你降临人世间不是为了复制别人生活而来。上天给了你一个充分体现个性化人格魅力的机会，此时不抓更待何时。你就是你。生命仅此一次，好好珍惜，活自己的人生，绽放自己的光彩。做自己比什么都有价值、有意义。

无须幻想未来，着眼现实存在

每一个人的生活就是现在，除了现在的时光，你没办法活在过去，也更不可能活在未来。过去的一去不复返了，而未来在到来之前它其实并不存在。到来时，也不过是那个时候的"现在"。所以说，在未来到来之前，你是绝对不会生活在其中的。既然明白这个道理，我们又何苦要悔恨过去、忧虑未来，反倒放弃真实存在的当下呢？只能说，我们太不懂得生活了。

不要总是踮起脚尖极力远眺，因为你没有可能看得很远、很清楚。所以，何必要为看不清楚的未来费神费力、虚耗一生呢？把握当下最靠谱。

　　公司为了鼓励员工，给每个人都发了份日历，年份是从 2010 年到 2030 年，意思是希望每个人都能珍惜现在此刻，努力奋斗，那么未来尽在掌握之中。可有的人偏领会不了这份深意，天天来个白日做梦式的构想，美美地憧憬着那看不见摸不着的"明天"：明年的今天，自己进公司就满三年了，好歹那时候自己也能升到部长的位置了，来，画个圈，上面用红笔写个部长；从这一页开始再翻去一年，自己连做梦都能梦到的皇室小区里，也应该会有自己的落脚点了，然后在这一页写皇室小区；再往后翻三年，这时候所有的贷款也该还得差不多了，要开始储备孩子上大学的钱了，再翻过去三年，该储备养老金了；再翻三年，这时候自己应该坐在董事会的会议厅训话了。眼看日历已经翻过了十年，自己还是依然窝在旮旯犄角，没看见丝毫改变，唯一看见的是堆在他桌角的文件已经严严实实挡住了憧憬未来的视线。一个人如果从早到晚没日没夜地盘算着未来的种种大小事情，那他还怎么抓住今天呢？

　　伊索有句名言"不要在鸡蛋孵出小鸡之前数小鸡"，说的就是这个故事中的主人公凯撒拉。凯撒拉是一名挤奶女工，她每天的工作就是把一桶新鲜芳香的牛奶平衡地放在头上，然后去市场将牛奶卖掉并拿回桶。可怜的人总是在走路时就开始做她的白日梦："有了这些卖牛奶的钱，我可以买一些肥母鸡。母鸡会下蛋，那些蛋会孵出小鸡。然后，我会等到冬天，小鸡在那时的价格高，我会以非常高的价格卖掉它们，它们会为我带来足够的钱买我想要的粉红色纱裙以及一些相配套的蓝丝带！在乡村集市上所有的男孩都想和我跳舞，而所有的女孩都会忌妒我。但我不会在意，我会把头扭过去——就像这样！"我们可以想到接下来发生了什么。凯撒拉扭过头，她把头上的一桶牛奶忘得一干二净，结果白色的鲜奶洒落一地，全部消失在路边的泥土中。凯撒拉在市场没东西卖了，所有想象中的梦像泡沫一样毫不留情地破了。

在世界上享有声誉的一位哲学家途经荒漠，看到一座很久以前的城池的废墟。岁月已经让这个城池显得满目沧桑了，但仔细看却依然能辨析出昔日辉煌的风采。哲学家想在此休息一下，他随手搬过来一个石雕坐下来，他点燃一支烟，望着被历史淘汰下来的城垣，想象着曾经发生过的故事，不由得感叹了一声。忽然，有人说："先生，你在感叹什么呀？"他四下里望了望，却没有人，他疑惑起来。那声音又响起来。他端详那个石雕，原来那是一尊"双面神"神像，他没有见过"双面神"，所以就好奇地问："你怎么会有两副面孔呢？"双面神回答说："有了两副面孔，我才能一面察看过去，牢牢地记取曾经的教训；另一面又可以瞻望未来，去憧憬无限美好的蓝图啊。"哲学家说："过去的只能是现在的逝去，再也无法留住，而未来又是现在的延续，是你现在无法得到的。你却不把现在放在眼里，即使你能对过去了如指掌，对未来洞察先知，又有什么具体的实在的意义呢？"双面神听了哲学家的话，不由得痛哭起来，他说："先生啊，听了你的话，我至今才明白，我今天落得如此下场的根源。"哲学家问："为什么？"双面神说："很久以前，我驻守这座城时，自诩能够一面察看过去，一面又能瞻望未来，却唯独没有好好地把握住现

在,结果这座城池被敌人攻陷了,美丽的辉煌却都成了过眼云烟,我也被人们唾弃而弃于废墟中了。"

以上的故事告诉我们:别只顾希冀未来大道的平坦而忽略了脚下坑洼之路的困扰。

我们承认很多成功人士往往把美好的希望放在明天,日程表时常排得满满的。但他们不是整天空虚今天而期待明天,他们更愿意把绝大部分精力和心思花在今天,更善于从今天就行动起来。他们最怕的是稍不留神今天就会变成明天,明天就会变成后天,过去的那一天就永远地过去了。德高望重的文学家鲁迅先生曾深深体会到"今天"的重要,谆谆告诫年轻的一代:办一切事情都要"赶紧做",抓紧时间做,否则就要功亏一篑,一事无成那就更不在话下。有位科学家也曾认识到"明日复明日"给自己带来的众多遗憾,从而为自己定下了"今日事今日毕"的座右铭,照此坚持度过了他的后半生。很多事例都证明,一切在事业上有所成就的人,都是善于从"今天"抓起的人,那些把今天的事搁一边,只知道臆想明天的生活该如何美好的人,终究要落得个"老大徒伤悲"让人追悔的境地。

"明日复明日,明日何其多;我生待明日,万事成蹉跎。"这话我们都不陌生,可往往我们身边的这些最熟悉的真理却最不被

人重视。下定决心，从此刻起，打消你所有不切实际的幻想，脚踏实地，行动起来，将每个"今天"充实度过，那么你的"明天"将大放光彩。

强者，从征服自我开始

想要成为强者，征服自我是前提；要想征服自我，认识自我是前提。一个人最不了解的就是自己。我们只知道自己想要什么，却不知自己的本性；我们只知道自己没有什么，却不知道自己有什么；只知道自己的容貌，不知道自己的形象。成功路上，最大的敌人是自己。所以我们要想成为强者，首先必须得征服自我。

征服自我是一件很不容易的事，整个过程中没有他人的加入，没有他人的督促，没有他人的指点，甚至没有他人的鼓励与喝彩，一切的一切都要求自己与自己展开激烈的搏斗。征服自己同时需要很大的勇气，更需要有坚韧不拔的毅力，需要持之以恒的耐力。记日记是自我征服的最好方式，因为你每天都会有个自我反省和激励的机会，总是让自己处于紧张状态，时刻提醒自己注意提高。忙活了一天或是消耗了一天，晚上泡完脚后，认真地

坐在写字桌前回想一下一天生活的全过程，从早晨到这会儿都干什么了，哪些做对了哪些做错了，哪些该干哪些不该干，做错是因为什么原因，不该干为什么还要干，到底是处于哪种心态，是自己的疏忽大意还是形势所迫，以后要是再遇到诸如此事又该怎么办，从这些事中你又学到了什么。想一想今天的时间都是怎样溜走的，曾经又有多少时间都是被自己这样悄无声息地打发掉的？这不问不知道，一问吓一跳，赶紧摊开日记本，并将其狠狠记录在案。每天晚上坚持向自己发问，第二天尽量不重复前一天的错误，长此以往，不信不会进步，不信你不会被自己征服，不信你不会成为强者。

没有十全十美的人，任何人都会有缺点。强者之所以会成为强者，不是因为人家一生下来就具备所有优秀品质，就会发号施令，就会引领时尚风潮，而是人家在后天的生活中勇于积极打造自我，征服自我，积极地培养一个强人所拥有的素质。最后终于金蝉脱壳，塑造了成功的自己。

高一刚入校时，在这个由各地精英组成的化学竞赛班中，由于初中没有太多接触化学竞赛的缘故，向前的竞赛成绩并不十分突出，而在初中总是名列前茅的他似乎一下子感到无所适从。刚开始的几个月，他还想像初中一样凭借着一点小聪明而考得好成绩，但现实却给了他当头一棒。在兰州市第一次化学竞赛中，由于平时学习不够细致，成绩很不理想。如此下去必定会与梦想的大学无缘。之后一年多的时间里，每天清晨，总是他点亮班里的第一盏灯。酷热的正午，课桌便成了他临时的床板。由于复赛前准备比较充分，再加上复赛考出好成绩后老师、家长较多的赞扬，让这个一直很沉稳踏实的孩子一下子变得有些浮躁，似乎他梦寐以求的清华已经在向他热切招手了。于是在接下来的一个多月的全国决赛的备考当中，很难再看到他静静地坐在那里，一门心思全用在钻研化学难题上。机会总是留给有准备的人，在10月底厦门举行的化学竞赛全国决赛中，他尝到了自酿的苦酒。尽管凭借以前的积淀，理论分数差强人意，但一个多月来对实验的疏忽让他在决赛上铩羽，最终以几分之差与梦想中的清华失之交臂。但除了清华，全国的众多名校都在决赛现场向他抛出了橄榄枝，身边许多朋友也都选择了较为理想的学校。虽然他平时其他科目成绩也都很优秀，但毕竟已经丢下几个月未学，而离清华的保送生考试仅有一个多月的时间，所以班主任劝他选择一所其他的学校，毕竟在这短暂的时间里再去反攻丢下的其他学科，与全国备战充分的尖子一较高下，确实是太冒险，但他坚定地说："人的青春就这么短暂的几年，如果在这最珍贵的几年中都不能为自己的理想去奋勇一搏，那就不仅愧对自己，更对不住一直支持自己的人。即便这条路很难走，但就算是失败，我也愿意倒在梦想的擂台上，而不愿意只是在台下看别人挥舞刀枪。再说了，这次万一考不过，不是有3A吗？3A不过，不是还有高考吗？青春不是用来挥霍的，更不是用来后悔的，懦弱地活着简直就是在戕害生命。"

决赛回来的第二天，他就大清早第一个来到班里，开始那"最辛苦的魔鬼般的日子"。由于准备竞赛落下的课确实很多，他

必须利用一切可以利用的时间，按他后来的说法，"每天也就三四个小时的觉，没有周末，没有朋友，没有活动，没有休息，就连去食堂都要选择一条最省时的路线跑步前进。甚至即便睡觉，梦里都还在想着英语题。还有一次醒来十分生气，因为梦到一道平面几何题，但清华不考这个。"清华的数学考得难，他就拿数学竞赛班的整套教程一本一本地啃，演草纸一包一包地用，最后考进了清华大学。

向前就是抱着这股不服输的韧劲，用实际行动践行着自强不息的精神，追逐着自己的梦想，用实际行动征服了清华，更征服了自己。他最终能在保送考试中取得优异的成绩，步入心中最神圣的知识殿堂，完全是靠对自己苛刻的要求，不然他也不会有今天的成功。

每个人都有自己要走的路，所以不要一味地仰高脖颈去崇尚那些你心目中的强人，别总是认为他们可望而不可即，认为他们在天，我们在地。之所以不必那样，是因为他们也是凡人，也是平常人，他们也曾和现在的我们一样有着平凡的过去，但那时他们却并不为人所知，就和今天的我们一样，还没有完成自我的塑造，还不够强大，还没有足够的能被人崇拜的价值，他们正在忍受着寂寞与孤独，忍受着破茧而出的残忍，痛并快乐着。因为他们看到了前面的曙光，是它吸引着他们一步一步向前，直到成为你今天看到的样子。之所以不必那样，是因为你也可以成为他们，只要你愿意。

不要羡慕任何人。人，生而平等。你也有改变自己的权利，有追求梦想的权利。重新审视自我，认清自我，征服自我，在有限的生命时间里做无限的自我改变，终有一天，你也会成为他们，成为又一个"我们"心中的强者。

条条大路通罗马，人生之路在足下

条条大路通罗马，有两层意思，第一是说：你在为实现自己心中梦想的道上，万一碰壁了，没法再继续前进了，你可以换种走法，另辟捷径，不必一路摸到黑，就像俗语说的，不必在一棵树上吊死。第二层意思是：同样是为了取得成功，这个行当不行了，你可以再换个事干，一样可以成功，就像俗语说的，三百六十行，行行出状元，路要自己选择，自己走。

条条大路通罗马，是一种意象的说法。所谓的"罗马"一般是代指一个人实现他最终的奋斗目标，也指他最终取得的成果，即就是最后获得的成功。现在这个社会我们都缺乏的是勇气和尝

试，总幼稚地以为只要有自己的一个立锥之地就可以拥有长远的经济，一切稳步向前，觉得这样就好。殊不知，我们身后还有许多的机会等待我们去把握，还有许多的坎坷等待跨越，还有许多的困难等待我们去克服，这条路并不好走，时时都有被堵的可能。其实，失败并不可怕，可怕的是失败过后找不着南北方向，丧失前进的动力。所以，有时候懂得在穷途末路时另谋出路才是智者之为，偶尔走走捷径也并不是不可以。

其实数不胜数的学生和工作者就是把大量的时间纠结于自己是否该另谋出路而错失了摆在自己面前的一个又一个的良机，正是这样的犹豫不决成了太多人的致命伤。既如此，那为什么不潇洒一点儿呢？这个岗位上既然没有你的容身之处，那么就放手一搏，为自己另外开辟一条道路啊。共同的目标不都是为了"成功"二字吗？人生往往要多一些大胆的尝试才会越发地精彩，懂得朝前看，把当下的事做好，有利于自己的发展，而不是停滞不前、原地踏步，长此以往，只能使人萎靡不振，懒惰不堪。信息时代的今天，大部分人经受了高等教育，可以说都是有素质的人，没人再会对工作岗位戴有色眼镜，所以，不要总把自己看得那么高，成了社会人群经常说的"低不成高不就"，也别总因为岗位的社会地位低，就觉得脸上无光，觉得很丢人。我们来看看下面这个例子。

重庆市有家陆记擦鞋店，专设在高档社区旁，在当地小有名气。不仅因为在这里擦洗一双鞋所需的费用从 8 元到 98 元不等，明显高于重庆市普遍存在的一两元钱的行情，更因为擦鞋店的老板路一杨是一名毕业于重庆某师范大学的大学生。所谓条条大路通罗马，三百六十行，行行出状元，成功没有高低贵贱之分，关键在于肯不肯做，怕不怕苦，和对面子观的看待，抛开这一切，也就没有什么实在的顾虑了，成功也就不再是可望而不可即的了。

今年29岁的路一杨出生于重庆市拥有陆隆外贸公司的董事长的家庭。1990年，路一杨考入重庆师范大学经管系，学习市场营销专业。一开始，路一杨也希望读了书以后出来能够找一个跟所学专业对口的、有前途的工作。1994年，像当时很多大学生一样，对大公司大企业非常向往的路一杨，毕业后选择回到了父母所在的大型国营企业，来到了销售部门，拥有了一份稳定的工作。不过，工作了一年后，路一杨最终还是离开了这里。1995年，路一杨进了家大型私企，并顺利地进入了一家信息咨询部门，开始了他曾经非常羡慕的白领生活。后来有朋友问他的创业起步过程，他是这样回答的：有一天，大概是双休，我在街上闲逛，看到一个擦鞋的老太太蹲坐在墙角，大夏天的，挺热，我看她没生意，怪可怜的，出于同情心，就上去把我的鞋给她擦，心想，就是照顾一下，一块钱又不贵。我这人老是喜欢跟人瞎扯，就问她生意怎么样啊，夏天冬天都怎么过的？她就告诉我每天能挣多少钱，每一天也不一定，生意好的时候还可以挣个七八十。我给她合计了一下，这一个月能赚两三千呢，比我那个时候的收入还高。我当时就觉得那该可怜的不是她，而是我。于是我就想

跟她换一下，我做她那工作，肯定会做得比她好。

路一杨对自己的想法充满了信心。他把自己的目标锁定在中高档鞋的护理上，并希望能将擦鞋店开设在成都市的高档酒楼和茶馆附近。为此他花费了一个多月的时间对成都市的擦鞋市场作了调查，将自己的想法和调查结果写成了一份中英文对照的详细的"合作计划书"，并附上了可行性报告，可是几乎跑遍成都的所有酒楼茶馆也没有一家接受。于是路一杨决定还是回到最原始擦鞋的那种方式。2002 年 12 月，路一杨就开了第二家陆记擦鞋店。现在，路一杨已经在全国拥有了 70 多家加盟店，而且业务范围也从单一的鞋的清洗和护理扩大到皮革皮具。对于最终的目标，路一杨希望他的陆记擦鞋店能够做下去，做成百年老店，因为这是他的爱好，是自己喜欢的工作，他得好好对她，就像老婆一样，喜欢才娶她，娶她爱她一辈子，他总是这样比喻。他的店头是用 36 把鞋刷做成的"擦鞋"两个字，很有创意，意思是说：三百六十行，行行出状元。

一个在常人看来有较高姿态的大学生，居然去给人擦鞋，也许很让人想不通，大概是认为有失身份吧。这就是大多数中国人的思想，永远面子第一。其实，工作真的没有高低贵贱之分，我们只需一颗坦然面对的心。所以，现在正在奋斗的路人甲乙丙丁，好好地为自己的青春奋斗一番吧，与其在那里唉声叹气、挥霍宝贵的光阴，不如现在投身于有意义的事，丢下你所谓的面子，即使是常人认为的所谓的"低贱行业"，也会有你的一片天地，你也会成为一行之主，让自己的人生更加丰富多彩，为自己的未来谱写一个绚丽的篇章，画上一个圆满的句号。

三百六十行，行行出状元；条条大路通罗马。我们没必要为一时的失败而垂头丧气，此路不通我们可以另寻它径，况且今天的社会，行业总比古人说的三百六十行要多吧，总有一行是你的成功天地，只是你暂时还没有发现而已。

让心境无尘，屏蔽纷繁的忧虑

活在这个纷繁的世间，总有那么一些事情会让我们感到无比的忧烦，也有那么一段时间会让我们的心中布满灰尘，从而让心灵的负担不断加重。可是人生一世，本来就赤裸裸地来、赤裸裸地去，我们又何必自寻烦恼？所以，在自己的人生中我们应该放下那些心灵的负重，让心境无尘，屏蔽那些纷繁的忧虑，让自己的生命在轻松欢快中前行。

心不静，所以我们的人生也觉得过于喧闹。我们总是在折腾

着自己，也在折腾着生活。就像是很多时候我们总喜欢站在高处看这个世界，我们总是在羡慕别人的生命中所拥有的幸福与快乐，但是对于真爱着自己的人却不知道珍惜，所以我们的心在不断地烦躁着，我们的灵魂也在这个纷繁的世界中不能够安定。

这是谁的错呢？是谁让我们的心如此烦躁？又是谁让我们的灵魂不能够避开那些纷繁的干扰回归宁静？其实一切都是我们自己的错，是因为我们想要的总是太多，在得到一些东西的时候也不知道满足。就像是在我们拥有了一份很不错的事业的时候，我们还想要无上的权力，在我们拥有了一定的财富的时候，我们还想要富可敌国。也就是这些无休止的欲望以及无休止的不满足让我们身心疲惫，也让我们感觉到了无限的忧虑与烦躁。其实人生根本无须这样辛苦，也无须如此的折腾，我们需要拥有一颗纯净淡然的心，也需要让自己的心境无尘。只有这样，我们才能够屏蔽纷繁的忧虑，才能够让自己的生活回归宁静，才能够享受到最真的幸福，当然我们也才能够感受到人生中的快乐与无忧。

有一个来自美国的商人，他坐在墨西哥海边一个小渔村的码头上看着一个墨西哥渔夫划着一艘小船靠岸，小船上有好几尾大黄鳍鲔鱼。这个美国商人对墨西哥渔夫能抓这么高档的鱼恭维了一番之后，就问他抓那么多得需要多少时间啊？墨西哥渔夫告诉他，自己才一会儿工夫就抓到了这些。美国人再问，那你为什么不再待久点呢，那样的话不就可以多抓一些鱼了？墨西哥渔夫不以为然，他告诉那个商人，他所抓的鱼已经足够他一家人生活所需啦!

美国人又问:"那么你一天剩下那么多的时间都在干什么?"

墨西哥渔夫解释道:"我呀?我每天睡到自然醒,然后出海抓几条鱼,回来之后就跟孩子们玩一玩,再和老婆睡个午觉,黄昏时候晃到村子里喝点小酒,跟哥儿们玩玩吉他。我的日子过得可充实而忙碌呢!"

美国人听后猛然摇头,他告诉墨西哥人说:"我是美国哈佛大学企管毕业的硕士,我倒是可以帮你忙,让你的日子过得更舒适一些。你应该每天多花一些时间去抓鱼,到时候你就有钱去买条大一点儿的船。自然你就可以抓更多鱼,再买更多渔船,然后你就可以拥有一个渔船队。到时候你就不必把鱼卖给鱼贩子,而是直接卖给加工厂,然后你可以自己开一家罐头工厂。如此你就可以控制整个生产、加工处理和行销。然后你可以离开这个小渔村,搬到墨西哥城,再搬到洛杉矶,最后到纽约,在那儿经营你不断扩大的企业。"美国人滔滔不绝地讲着,他为自己能想到如此棒的办法而骄傲。

墨西哥渔夫问:"这又要花多少时间呢?"美国人回答:"十五年到二十年。"

墨西哥渔夫问美国人然后会怎样?美国人大笑着说:"然后你就可以在家当"皇帝"啦!时机一到,你就可以宣布股票上市,把你的公司股份卖给投资大众,到时候你就发啦!你可以几亿几亿地赚!"墨西哥渔夫继续问美国人之后会如何,美国人说:"到那个时候你就可以退休啦。你可以搬到海边的小渔村去住,

每天睡到自然醒，出海随便抓几条鱼，跟孩子们玩一玩，再跟老婆睡个午觉，黄昏时晃到村子里喝点小酒，跟哥儿们玩玩吉他。"

墨西哥渔夫疑惑地说："我现在不就是这样了吗？"美国人被他的这句话哽住了，于是收起了自己的长篇大论，回到了码头上，不再说话。

因为欲望太深，因为牵绊太多，我们才会让自己的生活如此地折腾，当然不管我们怎样折腾，生活还是会回到原来的样子，我们最终想要的还是那平平淡淡、真真实实的幸福。既然是这样的一个结果，那么为什么我们要让自己的心灵那么劳累呢？为什么我们要绕那么大的一个圈子，花费那么多的时间与精力去追寻我们原本就拥有的一切呢？所以，在我们的人生中很多时候不是我们没有拥有幸福，只是我们将自己的眼光放到了太远的地方，让自己绕了太大的圈，也让自己身心疲惫，从而与那些幸福擦肩而过。

所以，生命中的那些幸福，人生中的那些安宁，并不是我们无法拥有，也并不是我们不能够得到的，只要我们能够放开心灵的牵绊，能够解开心灵的枷锁，用心去面对自己的生活，然后用心去享受自己的生活，放开欲望的束缚，那么我们就能够在知足与珍惜中真正拥有幸福与快乐，也能够找到人生的真谛，让自己的生命散发出致命的幽香。

心灵因为有了太多的负担所以才会显得那样的疲惫，我们的灵魂也因为承担了太多的欲望才会觉得不能够安宁。所以想要自己拥有安宁与舒适，想要自己的生活幸福，那么我们就要解开心灵的枷锁，除去那些欲望的牵绊，让自己的心境无尘，从而屏蔽那些纷繁的忧虑，让身心回归真正的幸福与平静。

专注人生的选择，执着内心的向往

在漫长的人生道路上，崎岖与坎坷是我们经常会遭遇到的。如果我们对自己的选择不够坚定，对内心的向往不够坚定，那么崎岖和坎坷必定会成为我们前进的"绊脚石"，会成为使得我们失败的"导火索"。

在追求梦想的道路上，失败是常有的事，如果不能正视，不敢面对，给你带来的情绪便会打击以往的自信，还会模糊理想，让人一蹶不振，继而有可能走进生活的阴影，让你认为自己一无所长，一无所用。有的人受不了太大的挫折，甚至自我封闭起

来。这时，可千万不能任由困难摆布，应该做的是静下心来，为自己重启那扇内心的向往之窗。看到这扇窗，就仿佛看到了前方的光亮，让眼界骤然开阔，让心灵豁然开朗，告诉自己，不退缩，不放弃，从而再次扬起梦想的风帆，直达向往的彼岸！历史上这样的故事很多，它们可以激励我们勇敢向前。

越王勾践被吴王夫差打败后，力图雪耻，激励自己，在屋内悬挂一只苦胆，不管是出入还是坐卧，都要用舌头舔一舔，使自己不忘受辱之苦。睡觉时他从来不用床铺和被褥，和衣而卧躺在木柴上面提醒自己不忘亡国之痛。他经过这样多年的磨砺，终于使越国强盛起来，众志成城打败了吴王，最终完成了自己复国的心愿。司马迁遵从父亲遗嘱，立志要写成一部能够"藏之名山，传之后人"的史书。就在他着手写这部史书的第七年，发生了李陵案。贰师将军李陵同匈奴在一次战斗中，奋血抗战，最终因寡不敌众，战败投降。司马迁因为正义，在朝上为李陵辩白，结果触怒了汉武帝，锒铛入狱，遭受了一名男子在内心最难接受的"腐刑"。受刑之后，他曾因屈辱痛苦打算自杀，可想到自己写史书的理想尚未完成，于是咬紧牙关，忍辱奋起，前后共用去18年的光阴，终于写成被誉为"史家之绝唱"的《史记》，开创了我国纪传体通史的先河。英国剧作家莎士比亚说：不要只因一次的挫折或失败，就放弃你原来决心想达到的目的。是啊，为了自己决意的选择，为了自己心中的向往，我们一定要坚持下来。就像越王勾践和司马迁一样，受再大的苦难也不会熄灭心中那盏灯。

有一个关于挖井的故事，是这样说的：

在非洲靠近几内亚湾有个小村子，因为这一年天大旱，村里的人忍受不了干旱，所以都搬到别处去了，只剩下一个年轻人，他留下的原因是因为他相信这地方可以挖井，因为村子附近有河流。于是在太阳还没出来时他就拿着铁锹信心百倍地出发了。来到一处沙地，他便挥动铁锹狠命地挖起来，一下又一下，汗水化作小溪顺着他的脊背弯曲活动，太阳升至头顶，可他还是看不见有水渗出的迹象，于是他怀疑是自己选错地方了，于是扛起铁锹，往河流的方向靠近了十里地，不顾疲劳继续挖井，到太阳下山他还是没能看见水的迹象。天黑了，他拖着疲倦的身体回家。一路上他总是在想，一定是自己找错了地方，明天要换个更靠近河流的地方。

其实，不是他选错了地方，而是他没有耐心，他没有坚持自己最初的选择。如果他没有放弃，或许早已喝上了香甜的井水。

美国著名盲聋作家、教育家海伦·凯勒，小时候患上了猩红热，重病夺去了她的听力和视力。由于失去听觉，不能矫正发音的正误，她说话也含糊不清。对于一个残疾人来说，世界是一片黑暗和寂静，要学会读书、写字、说话，没有强大的记忆力，简直是不可能的事。但是，海伦·凯勒没有向命运屈服。她为了能清楚地发音，用一根小绳拴在一个金属棒上，叼在口中，另一端拴在手上，练习手口一心，写一个字念一声。为了使写出来的字

不至于歪歪扭扭，她还自制了一个木框，装配了一个滑轮练习写字，当然莎莉文老师也付出了很大的贡献，她让海伦将手放在自己的喉咙上，让海伦通过感受发声的震动来练习说话。海伦把自己的学习分成四个步骤：每天用三个小时自学，用两个小时默记所学的知识，再用一个小时的时间将自己用三个小时所学的知识默写下来，剩下的时间她运用学过的知识练习写作。在学习与记忆的过程中，她只有一个信念：她一定能够把自己所学习的知识记下来，使自己成为一个有用的人。她每天坚持学习10个小时以上，经过长时间的刻苦学习，还有不屈不挠的信心，她掌握了大量的知识，能熟练地背诵大量的诗词和名著的精彩片段。到后来，一本20万字的书，她用9个小时就能读完，并能记忆下来，说出每章每节的大意，还能把书中精彩的句、段、章节和自己对文章的独到见解在2小时之内写出来。海伦的记忆力已经大大超过了普通人的正常水平。据说，在哈佛大学读书的一个博士生听到海伦·凯勒的事迹后，很不服气，决定要和她比试比试。在严格的时间规定和教员的监督之下，他们进行了3轮比赛，博士生服了。他摘下博士帽，恭恭敬敬地戴在海伦的头上。经过学习，海伦突破了识字关、语言关、写作关，先后学会了英语、法语、德语、拉丁语、希腊语五种语言，出版了14部著作，受到社会各界的赞扬与褒奖。马克·吐温说："19世纪出了两个了不起的人物，一个是拿破仑，一个是海伦·凯勒。"

　　海伦之所以能坚持下来，是她不愿意屈服，不愿意向命运低头，她坚持着内心的向往，同时她相信自己一定可以做到。当然她也因为对自己选择的专注、对自己内心向往的执着而实现了自己的梦想，成就了自己的人生，让自己攀上了成功的高峰。

让我们重启自己内心向往的窗户，让这缕阳光照射进来，让它带来的温暖贯穿全身，追梦途中偶尔的黑暗可以阻碍我们的视线，却阻止不了我们敞开心灵，阻止不了我们为自己画这一扇窗，让我们有了继续前进的信心，有了鼓足勇气的决心，更有了占胜一切困难的勇气和恒心。专注内心的向往，任何时候都不要轻言放弃，虽然途中有曲折有坎坷，可在奋斗的过程中我们是快乐的、是幸福的，因为我们有梦。坚持就是力量，有了耐心便有了成功的可能。成功和失败之间，其实只隔着一颗对自己梦想执着的心！给自己画一扇希望的窗，你便会看见成功的曙光。

心灵絮语

对自己的心意，既然已经决定了，就将它坚持到底。时刻记得，实现它是自己追求的目标，是自己奋斗的动力，不管遇到什么挫折或失败，都要咬紧牙关坚持下来，因为实现它是你内心的向注，你要给自己一个交代。所以要记住：对梦想，不抛弃，不放弃。

改变命运，扬起自我时代的风帆

人说"时势造英雄"。古今中外，历史上各朝各代各个时期，都出过拥有各种救国救民事迹的英雄，他们的壮举体现出的是他们所属的那个时代的独有特征，他们的行动扬起的是自我时代的风帆。

行胜于言。作为生活在现代的我们，应该竖立起代表自己信念的旗帜，虽然各人有各人的活法，但每个人都在为更好的生活而奋斗着，因为不管是谁，他都有追求幸福生活的权利，都有改变自己命运的权利。

在晋坪和新寺两县交界的一个边远而闭塞的小山村王塄社，诞生了程欢。

闭塞导致贫困。程欢从一出生就别无选择地和贫困结缘，老实巴交的父母勒紧裤带望子成龙。从小学一年级直到考上县职业高中，程欢一直都名列前茅。可是在进大学门的当口，家里实在是揭不开锅了，17岁的他作了中断高中学业的抉择，到厦门打工。他进了一家中外合资的玩具厂，产品全部出口，当然订单、纸箱和标的尺寸也都是英文，他一个字也看不懂。于是备了本小字典放在口袋里 对照着包装箱上的英文，一个个蹦出汉字，后来竟然喜欢上了那些字母。2002 年的一天，叔叔从北京打来电话，介绍他到清华大学食堂打工，于是他在第 9 食堂当了一名切菜工。第一次走进清华校园，程欢感觉清华园真大，清华的学子真幸福，清华良好的学习环境和浓厚的学习氛围使他如沐春风。清华大学的校训"天行健，君子自强不息，厚德载物"给他的启示很大。他恍然明白，贫富不能选择，只要自强不息，未了的"大学梦"通过自己的努力就完全可以实现。

程欢将自己感兴趣的英语作为学知识的突破口，开始了艰辛的自学道路。书山有路勤为径，学海无涯苦作舟。他每天早上 4 时多起床，菜墩前、窗口前要站上八九个小时，一天下来，腰酸腿软，人困马乏，没看上几页，眼睛就睁不开了。这样下去怎么行？后来，程欢发现喝烫水能治瞌睡。每一次看书前，他就先灌满一壶开水，故意把舌头烫得钻心痛，以此驱散瞌睡虫。程欢天天晚上学到后半夜，集体宿舍只有天花板上镶嵌的一根荧光灯。他怕打扰同宿舍人休息，过了一段时间，就在外面租了一间 5 平方米的平房。床头前，贴上了座右铭"在年轻人的词典里永远没有失败这个单词"。早上起来学 1 小时，午休时学 45 分钟，晚上从 7 点半下班学到凌晨一两点。寒冬腊月，没有暖气，他围着炉子看着书。酷暑炎夏，蚊子嗡嗡，他摇着扇子写着字。他把自己几百元的工资全都花到了学英语上，买不起新书新磁带，程欢就找旧书摊买二手书，买二手的磁带。为了找一个安静的读书场

所，他就找到教学楼的公共教室，第一次去教室看书，他生怕被学生认出来。去的次数多了，他逐渐融入了清华学子群体。傍晚，他来到闻亭旁的清华园英语角，凑过去听人家说，一个男生走过来，跟他用英语打招呼，他哼哼哈哈应付着。"说得不错，我能听懂，只要大胆张嘴说，慢慢就熟练了。"那个男生的鼓励，催发了程欢心中一棵开始说英语的幼芽。从此，清华、北大、人大的英语角多了一位农民工。2004年，程欢参加了当年的托福考试。成绩631分。一般托福考试满分为670分，这个成绩就是接受正规系统教育的高才生也很难达到的。清华学子折服了。一时间，国内外媒体纷纷追踪报道他的事迹。

程欢接受央视采访时说，他不是"神"，只是一个普通的人。他常常告诫自己，他始终是一个农民的儿子，不能骄傲，不能自满。因为媒体的宣传，他很快成为了一个知名人士。国内外许多公司和院校向他提出了高薪聘任的意向，许多人梦寐以求的机会他都唾手可得。然而，面对诸多的选择，程欢却婉言谢绝了。他说，考托福只是为了检验自己学英语的成果，虽然得了高分，他还需要继续学习。他用勤奋证明了自己的能力和价值，他竖起的是属于他的生命旗帜。

在信息技术四通八达、电子产业繁荣发展的时代，作为生活在21世纪的我们，是不是也应该有所作为？身为宇宙的一分子，存在于这世上的每分钟都呼吸着周围的免费空气，踏着脚下的这方灵地，耗费着一切可再生和不可再生的资源，仅就这些，我们是不是该贡献出点什么？这是往大了说。往小的方面说，作为一个有血有肉、有灵魂有思想的独立存在个体，我们有自己的独特生活方式，虽说不能像岳飞、文天祥他们一样干出轰动中外、拯救民族的大事，但我们可以做程欢第二，学习他那份对求知如饥似渴的精神。

心灵絮语

我们还在等什么，快快行动起来，追逐自己的梦想，不管现在你是多大年龄，都为时不晚。曹孟德就说过"老骥伏枥，志在千里；烈士暮年，壮心不已"。任何时候，只要你的这颗奋发向上的心不死，你就永远都会有成大事的机会。始终不忘扬起自我时代的风帆，证明自己曾经存在过。

行动是未来最好的创造者

但凡是人都会有思想，思想与思想的不同，造就了人与人的不同，而能否将思想中的东西转换为现实，则成了人与人之间最大的差别。在人生道路上，你能不能有所作为，你能不能成为成功人士，就看在这条路上你肯不肯转换，而这个转换就是指行动。

　　或许你有很伟大的目标，你希望自己能够成为企业老总；或许你有很美好的愿望，你希望爸妈永远长寿，寿终正寝；或许你有个最纯真的想法，希望自己暗恋三年的姑娘能够成为自己的妻子；或许你有个没任何深度的要求，你只希望这次期末考试数学能上 60 分。目标很伟大，愿望很美好，想法很实在，要求也不高，所有的这一切，都只是暂时地存在于你的头脑，你只是有这些想法罢了。你从来没有为自己的目标制订过任何行动计划，你不知道要成为一个企业老总应具备哪些素质；你从来没有为自己的愿望有所行动，爸妈生病也是他们自己打车去的医院，因为你说你总是很忙；你从来没有给那个纯真的想法提供个展现的机会，你说你总是很害羞；你没有为那个并不算很高要求的想法付出一点点的努力，因为你从来没有验算过一道题。

　　如此种种，你还想拥有什么？你还能拥有什么？你有的只是那些存在于头脑中若隐若现的想法，为的是能安抚你那颗不平衡的却又更显虚伪的心。既然自己不想行动，那干脆也别有想法，为何要让自己受那份空虚的罪呢？永远记住，再好的想法，即使你有成百上千个，也不及一次实在的行动。日复日，年复年，大好光阴就在虚无缥缈的想象中度过，真是可悲可叹又可恨！这样的例子在我们身边比比皆是：一位名叫塔拉塞维的印度姑娘，爸爸是人协的核心人物，妈妈是雅加达第一大学的校长，不用说，塔拉塞维会有个让众多人羡慕的光彩人生，她的条件太好，人长得也很标致，剩下的就是享受人生了。塔拉塞维在大学的时候就想成为节目主持人，她觉得自己有那个天赋，因为她可以跟陌生人很友好地交谈，可贵的是别人更愿意告诉她关于他们的很多事，朋友们送她个外号叫"亲密的随身精神医生"。这让她更加坚信，她会成为优秀的节目主持人。四年大学生涯很快结束了。在这期间，她从来没参加过任何有关主持人大赛的活动，也就不会有与之相关的准备与锻炼，可以说，她没有为自己的奋斗目标做任何的努力，只是想当然地以为自己就是梦想中的那个人了，达不到条件，相关部门当然不可能招用。没有任何的行动，所谓的梦想自然就落空了。这也就是很多人心想却不能事成的原因，因为没有行动。但同时也有另外的少数人为自己的小小想法付出了行动，最终实现了自己的梦想。

哥伦布一生都很好学，在某一次看毕达哥拉斯的著作时，偶然瞥见一句话"地球是圆的"，这让他很是兴奋，于是昼夜思考，做了很多猜想，最后他大胆地提出：如果地球是圆的，他便可以沿着最短距离的路线到达印度了。这当然让很多自认为有学识的人没法苟同。因为，想向西行而到达东方的印度，这实在是太让人匪夷所思了，谁要是相信，谁就是傻瓜。学士们告诉他："地球不是圆的，而是一个平面。"还一味地告诫他，不可盲目行事，否则他的船只会因为行驶到地球的边界而掉下去。哥伦布没有采纳学士们的建议，他对自己的推想很自信，坚持要用行动去亲自证实，绝不放弃。然而，他贫寒的家境不允许他这样的行为。后来他到处集资，等待资助花去了他 17 年的光阴，最后还是让他失

望了。为了梦想，他鼓足勇气决定去拜见皇后伊丽莎白，这时的他已经只能靠乞讨行走了。皇后伊丽莎白很赞赏他的独到见解，更欣赏他的胆识和对梦想坚持不懈的精神，于是答应赐给他船只，让他去完成自己的这个既惊又险的梦想。困难的事还在后面，因为没有任何一个水手愿意跟他去冒险，怕是有去无回，哥伦布对他们是百般哀求，后来不得已又假借皇后的威望进行威胁，这样才组织了一队人马，后来还请求死囚犯加入，要是航行成功，可免死刑。就这样，在1492年的8月，哥伦布率领三只船队，开始了他划时代的航行。可航行没几天，两只船就被海浪打翻了，剩下的一只又陷入了海藻区，进退两难，水手没人愿意下水解围，哥伦布亲自钻到海底，扒开海藻，船才得以航行。船在海上漂泊了近270天，带的食物和淡水也快没有了，但他们还是没看见大陆的踪影。水手们开始绝望，于是他们强迫哥伦布返航，如若不然，就将哥伦布杀死，然后他们自己回去，说宁愿死在大牢里，也不翻进海里喂鲨鱼。就在这人心涣散之时，哥伦布也面对身亡之际，忽然有一群海鸟朝西南方飞去，哥伦布知道，海鸟总是飞往有食物和适于它们生存的地方，于是命令船队改变航向，朝西南前行，水手们也像是看到了希望，很乐意听令。就这样，哥伦布发现了新大陆——美洲新大陆。

如果当初哥伦布因为资金而继续痴等，那他蹉跎一生也不会有之后的人生大冒险，不会有对自己独到见解的实证，更不会有什么探险英雄的光环戴在他头上，因为，一百个空想家比不上一个实干家。也许他会有另一个比较平稳的人生，最后却是带着他这年轻时候的梦遗憾地步上黄泉路。

心灵絮语

古人言，千里之行，始于足下。即使再远的路，只要你肯迈开步伐，勇敢向前，终有一天你会行至终点。不管你的想法多么伟大，可要是不将它落到实际，你永远也不可能是一个伟大的人，也不可能会有较大作为，当然，也就不会成为成功人士。所以，有什么想法就将它尽力变成现实吧，好真正体现它的价值。

第六章　绽放自己的风情与精彩

每个人都有自己的风情与色彩，不管我们是无名小卒还是耀眼的明星，不管我们是默默无闻的耕耘者还是站在时代前列的时代宠儿，只要我们将自己的职业当作事业去经营，只要我们拥有自己特定的目标并且执着不悔地在改变着自己的命运，那么我们都能够在自己的人生中绽放出最美的风情，也能够找寻到生命中的精彩。

是职业，也是事业

人这一生都有着属于自己的一份职业，在初次接触自己的职业的时候我们都会感觉到有点无措，因为不懂如何去做。可是慢慢地等到我们熟练起来的时候如果把自己的职业当作是一份事业去经营，并且在中间倾注自己的心血，那么这份事业不管是多么的不起眼也会被我们经营得有声有色，当然我们也会在自己的这份职业以及事业中成就自己的人生。

在我们的生活中，每个人都有着属于自己的一份职业。老师的职业是教书，公务员的职业是为人民服务，商人的职业是赚钱，记者的职业是采访新闻，将每天所发生的关系人们生活以及工作的事情呈报给广大的人民群众，等等。每个人都有自己的事情要去做，每个人都有着自己要去完成的任务。可能在我们讲到职业的时候往往会忽视掉这样的一群人，她们只是站在自己丈夫的背后，她们的青春都奉献给了整个家庭，她们每天在家里洗衣做饭带孩子，教育孩子成长，是的，她们就是家庭主妇。很多人可能认为她们没有什么职业，但是其实她们也有着自己的职业，并且她们的这份职业还是一份自己的事业，只是她们的职业比较特殊一点，她们的职业叫作妈妈，而她们的事业则是孩子。

一个女孩变成一个女人，可能需要 20 年左右的时间，但是由一个女人变成妈妈却要付出一生的努力。也就是说，每个妈妈都在用自己的一生去做好自己的职业，也在用自己的一生经营着自己的事业。她们的这份事业跟别人不同，是不允许失败的，如果一旦失败那么也就无法挽回，并且损失也不是可以用金钱来衡量的。所以在妈妈的这份职业中，在孩子的这份事业中需要妈妈们用自己的智慧以及爱心，用自己不断地学习以及理解去经营，需要用自己善于观察以及发现的眼睛去完成。当然如果一旦自己的事业经营得完美，那么她们的生命也会绽放出异样的光彩，会照亮整个世界，当然在她们的一生中也会绽

放出色彩斑斓的风情。

林肯有两位母亲，一个是他的生母，一个是他的继母，林肯不幸青少年失母，但又有幸得到一个深爱他并支持他的继母。当然林肯的成功离不开他的两位伟大的母亲。

林肯的第一位母亲南希是位个性善良甚至有些羞涩的妇女。在决定事情时由于胆子小通常是不采取主动，但林肯5岁时，她突然变得胆大起来。

"孩子必须上学。"她说。林肯父亲托马斯开始反对："读书对于像我们这样的人家是不要紧的。另外，你需要他们在家帮忙，他很快就是个好帮手了。"但在母亲的坚持下，林肯和姐姐都进入了两英里远的一所学校。

"你们今天学了什么？"尽管很累，但南希还是常常地问。一次，林肯天真地问着他不知从哪儿听来的名词："妈，什么是解放？"南希屏住了气，用目光注视着他："解放，就是自由，就是一个属于自己而不像奴隶一样属于别人。这是每个人应当有的权利，不管是什么肤色，这一点一定不要忘了。"孩子严肃地点了点头。南希心里轻松了，虽然她无法确定这番话对这个幼稚的孩子所产生的影响，后来历史却证明，她的这番话，影响了一个国家的进程。这番话对孩子心灵的震动是无法形容的。

孩子的心灵向往爱，无私的爱。这爱对于他的成长有莫大的作用，促使他成为一个充满爱心的人。但仅有爱还是不够的，孩子的心灵渴望知识，渴望理解，渴望尊重。而林肯的继母萨利确实体会到了这一点，也切实做到了这一点。自从萨利来后，家务事就不用林肯操心了，他又可以抽出更多的时间来读书了。看到他如此爱读书，萨利就给他找来更多的书，生日时送给林肯一本他盼望很久的《英语缀字课本》。这些书可乐坏了林肯，他又可以重新徜徉在书的海洋中了。从这些书中他获得了大量的知识，能取得以后伟大的成就，他不能不感谢他的第二个母亲——萨利。母子俩有共同语言，孩子爱着继母，而继母也继续用无私的爱来关心他、帮助他。1823 年秋末的一天，他装着一肚子新闻去见萨利："妈，您猜怎么啦？人家说，阿泽尔·多西要办一所学校，我真希望也能去。"萨利很高兴，她决定支持儿子。在她的坚持下，林肯的父亲终于同意了。不管是在以后的生活，还是在他走进社会、步入政坛，萨利始终是林肯身后最强有力的支持者。

　　林肯的成就离不开自己的妈妈，虽然是自己的继母，但是在林肯的一生中却留下了不可磨灭的印迹，也让林肯一步步地走向了成功。当然作为林肯继母的萨利，虽然她只是一个平凡无奇的妇女，但是她却用自己的智慧、自己善于发现的眼睛以及温暖的爱心不断地经营着自己的事业，给予林肯最大的帮助以及支持，当然也就完成了她一生中最完美的事业。

　　在妈妈的这份职业中，虽然不可以为我们带来一些金钱或者利益，也不能够让我们变得富有或者是攀上人生的高峰，但是却可以帮助我们成就自己，能够让我们在经营的过程中收获满足。

其实，在我们的生命中任何一份职业都是如此，可能它在我们的眼中并不完美，可能它也不能够像别人的事业一样给我们带来名利，也不能让我们在瞬间绽放光彩，但是它确确实实就是我们的职业，也是我们应该用心去经营的事业。如果在经营的过程中我们用自己的智慧以及信念，用自己的爱心以及坚韧，用自己勤劳的双手以及积极的思考去努力，那么相信总有一天平凡无奇的它也会让我们绽放自己生命的精彩，也会让我们在仅有的人生中散发出最耀眼的光芒。

心灵絮语

任何一份职业都需要我们用心去做好，任何的一份职业也需要我们当作一份事业去经营。用自己的智慧以及勤奋，用自己的爱心以及信念，用自己勤劳的双手以及灵活的思考不断为自己的事业注入新鲜的血液。只有这样，我们才能够让自己的生命因自己的职业、因自己的事业而精彩，我们的人生也会散发出最绚烂的风采。

目标，铸造成就感的必备工具

在人生的路上，我们需要装备很多的工具，因为只有这样我们才能够借助这些工具攀上人生的高峰。目标就是其中的一个，它是我们铸造自己成就感的必备工具，也是我们在生命的途中不断地审视监督自己的一种最好的方式。有了它的随行，我们的人生就不会因为迷失和不知所措而被浪费，当然在任何时候我们也不会因为没有方向而停在生命的某处。

在我们的生命中，相信每个人都会有自己的一些目标，并且可能在不同的阶段，在不同的时间也有着不同的目标。当然这些目标有的大有的小，这些目标有的近有的远，当然也有可能有的难以实现有的容易到达。但是不管是什么样的目标，都是我们对自己人生的一种设定，也是我们对自己生命的一种愿望，当然在这些所设定的目标达成的时候也是对我们自己人生的一种交代，在这个交代中有时候会让我们充满成就感，也会让我们在自信与行动的推动下走得更远，爬得更高。

当然每个目标的设定不是那么简单，每个目标的完成也不是那么容易。在设定目标的过程中我们需要知道自己想要的是什

么，需要考虑一下自己的处境，也要考虑一下自己所设定的目标究竟现不现实，能不能通过自己的努力去完成。就像是有些人给自己设定的目标是在自己大学毕业三年之内就要成为亿万富翁，并且这时候的他只是一个普通高校毕业生，也没有什么惊人的天赋，也只是出身于普通农民家的孩子。这样的一个目标的设定对他来说其实就是不现实的，不管他怎么努力也很难达到，并且如果在不能达到自己的目标的时候信念不坚定或者是心理承受能力不强，那么则有可能导致对人生的失望甚至是绝望。所以在设定自己的奋斗目标的时候我们一定要做到切合实际，只有这样我们才能够通过自己的努力去完成所设定的目标，从而铸造人生的成就感。

还有在完成自己目标的途中我们也需要注意，在拥有拼搏的干劲之外我们还需要带着一颗时时都在思考的头脑，用自己的智慧去敲开目标的大门。除此之外，我们还需要在完成目标的过程中坚定自己的信念，在遇到挫折的时候坚强地站立，用不服输的心去挑战人生途中一次又一次的坎坷，只有这样我们才能够将目标变成现实，将成就收入到自己的囊中。

尼克的父亲早逝，他和哥哥以及母亲相依为命。哥哥每天都帮母亲干活，减轻母亲的负担，而尼克就知道整天东奔西跑。有一天，哥哥见尼克又要跑出去玩，便将他堵在了门口，哥哥希望他留在家里做点什么。尼克告诉哥哥他并不是无所事事，而是在忙自己的事。哥哥问他在忙什么事，尼克说他要用玻璃瓶建造一座城堡。

哥哥听了大吃一惊，问尼克："你知道建造一座城堡需要多少个瓶子吗？"尼克说需要两万个。哥哥告诉尼克，两万个瓶子可不是个小数目。尼克说："我能捡到两万个瓶子。一天一天地捡，一年一年地捡，两年、三年或者五年，我一定能捡到这么多瓶子。"哥哥说："你去捡吧！"哥哥不相信尼克，尼克也许能坚持十天半个月，但绝对坚持不到捡到两万个瓶子。就算尼克真的捡到了两万个瓶子，他也不可能用它们建造一座城堡。可是尼克不这么认为，所以他不管在什么时候都在找着瓶子，大大小小、五颜六色的瓶子尼克都捡回来。尽管很努力很勤快，可是每天也只能捡到几十个瓶子，但是他不气馁，还是把它们堆放在屋后。

人们看到尼克每天四处拾捡瓶子，便问他要干什么，尼克说他要建造一座城堡。人们听了都大笑起来，劝尼克放弃，说他不可能捡到两万个瓶子，不可能建造一座城堡。对于人们的两个"不可能"，尼克不以为然。后来有人将尼克捡瓶子建造城堡的事告诉了他母亲，母亲听了很生气。尼克一回家，母亲就拉过他教训道："你是不是在捡玻璃瓶子？"尼克回答是。母亲说："你想用玻璃瓶建造一座城堡？我告诉你，这是不可能的事。在此之前，没有人这么做过。你知不知道，玻璃瓶一不小心就会碎，会划伤你的手。你不能像哥哥那样帮我做点什么就算了，但不能给我添麻烦！"

母亲的话尼克没有放在心上，他不怕瓶子划伤手，依然继续捡他的瓶子。他想，现在所有的人包括母亲都不相信他能建造一

座城堡，那么，他就更不能放弃，一定要用瓶子建造一座城堡给大家看看，让大家知道，所谓的"不可能"其实是可以实现的。两年半之后，尼克终于捡够了两万个瓶子。面对堆得像一座山一样的瓶子，尼克露出了笑容，他告诉哥哥他下一步就开始建造城堡。哥哥听了一笑，想尼克虽然能坚持捡够两万个瓶子，可是不可能用它们建造出一座城堡，因为还没有用瓶子建造城堡的先例，况且瓶子是光滑的，一放上去就会掉下来摔碎。要用它们建造出一座城堡，简直就是天方夜谭。

正如哥哥所想的那样，开始的时候尼克将瓶子一放上去，瓶子就立即滑下来摔得粉碎。哥哥担心尼克受伤，便劝他放弃。尼克哪里肯放弃，继续用瓶子建造城堡，他想瓶子摔碎了可以再捡，城堡垮塌了可以再建。

瓶子不断地摔碎，城堡不断地垮塌，可是尼克的信心没有破碎，梦想没有垮塌。经过半年的努力，尼克终于用两万个瓶子建造出了一座坚固的城堡，不怕风吹，不怕雨打。阳光下，城堡熠熠生辉，吸引了远远近近的人来参观。尼克的城堡随之广为人知，尼克也一举成名。这时，尼克的母亲在家门口摆摊卖起了各种小吃，生意十分火爆。收入增加了，尼克一家的生活状况也随之改变。

十几年后，尼克成为一名著名的设计师。由他设计的建筑，每一座都让人为之惊叹。有人问他为何能设计出与众不同的建筑，他提到了小时候建造城堡的事，他说："只要敢想、敢做，就没有任何做不成的事，因为梦想从来不卑微。"

用自己捡的瓶子建造出了一座坚固的城堡，这在任何人的眼中都是一个奇迹，但是尼克却做到了，因为他有自己的目标，并且他能够为自己的目标不断地坚持努力，即使在途中受到了巨大的打击，被别人多次地嘲笑，他都没有在意，只是朝着自己的目标不断地前进，直到实现了自己的愿望。

其实在我们的人生旅途中，有时候我们所设定的目标在别人的眼里也有可能只是一个笑话，但是，如果我们能够坚持自己的信念，能够勇敢地走下去，去为完成自己的目标不断地奋斗，那么总有一天我们的目标就不仅仅只是一个目标，它会像是故事中尼克用瓶子建立起来的城堡一样，在我们的生命里熠熠生辉，照亮我们的整个生命。

目标从来都不是天方夜谭，只要我们能够跟随着自己设定的目标不断地前进下去，那么总有一天我们的目标会在我们的汗水以及努力中实现，当然我们的成就也就会接踵而来。所以，不管在生命的哪个阶段，都不要忘记给自己设定一个目标，当然也不要忘记去努力地完成，直到自己的生命被这些大大小小的目标填满。

不必强求如意

　　人生中总有那么一些不如意，也总有那么一些困难会摆在我们的眼前，如果我们想要强求如意，强求一帆风顺，那么结果可能并不会如我们所愿，有时候还会丢掉一些现有的幸福。所以，我们在面对人生的时候要做的并不是感叹命运，强求如意，而是应该执着自己的追求，在玩世中品味人生的真谛。

　　生命中总有那么一些日子是让自己不顺心意的，也总有那么一些时间会让自己陷入失意与迷茫之中，有时候甚至会感觉到无边的绝望，似乎是命运故意跟我们作对一样。其实人生之中不如意事十之八九，如果我们对于每一件事情都要去计较，都要在发生的时候去悲伤、去失望，那么我们的一生也只能在悲伤与失意中度过，当然在我们的生命中也不会有什么绚烂的光彩。

　　就像是在我们的生命中，当我们需要一份真正的友情的时候，在自己生命中出现的只是一些泛泛之交，就算是自己真心地付出也一直没有回报；就像是在我们的工作中花了很大的精力长期准备自己的一个项目之后，还是没有得到公司的承认；就像是在交付了自己的真心，用珍惜与呵护对待自己的恋人之后，还是走不进婚姻的教堂，因为对方的离去，等等。这些都是我们生命中的不如意，也是横在我们人生路上的一些大大小小的石块。如果我们越不过去，那么就只能停留在原地，让自己止步不前。

其实生命中的这些大大小小的石块，只是为我们的生命增添辉煌的一把双刃刀，如果我们能够使用得恰当，那么它们会帮助我们一路顺畅，直到人生的巅峰；如果我们使用得不恰当，就会被它们阻挡住自己前进的脚步，那么我们就只能在那里停留。而想要在自己人生中越过那些大大小小的石块，则需要我们对自己人生的执着，需要我们用一颗豁达但是奋斗不息的心去不断地追逐。

赢得"纽约房地产天后"美誉的芭芭拉没有"富爸爸"的家境，没有显赫的学历，长相毫不起眼，更惨的是还患有阅读障碍症，被老师预言一辈子不会有出息，但是她的生命却冲上了一个很多人无法企及的高度，这究竟是什么原因呢？

芭芭拉以最差等的成绩读完高中，再勉强从社区大学毕业后，根本找不到像样的工作，只好以打零工为生。毕业的头一年，她走马灯似的换了21份工作。她人生中的第22份工作是小餐馆的服务员，收入取决于责任区域的来客数量多少。当时餐馆里另一位女服务员是迷人的金发小姐，客人们喜欢坐在她的区域，而自己的领地门可罗雀。怎么办？瘦小的芭芭拉灵机一动，在马尾辫上系上亮眼的红丝带，大大的红蝴蝶结盘在头上很夸张，像在头上竖起广告牌，吸引来客的目光，这一招有效改善了

业绩。没想到，这种"红丝带哲学"改写了不甘心一直端盘子的芭芭拉的人生轨迹。

29岁那年，芭芭拉加入正在兴起的房地产淘金之列，成立了自己的柯克兰公司。可没钱、没人脉，甚至连几百美元的广告费都付不起，经营情况可想而知。后来她接受建议，决定为公司系上一根"红丝带"。

当时纽约公寓的成交价格被视为业务机密而不公开，于是，她把创业以来、11位业务员的公寓销售数字加起来平均，再将公寓里面房间一并计算，算出"平均房价"，制作出第一份纽约房地产行情公告——"柯克兰报告"，然后寄给媒体记者。三天后，该公告被登上纽约第一大报《纽约时报》引用："根据柯克兰房地产公司总裁芭芭拉·柯克兰表示，平均价格……"没花一分钱广告费，芭芭拉抢到纽约房市行情的发言权和游戏的参与权。

为结交纽约的贵族、富二代、房地产大亨川普，她坚持用四年时间来研究川普的个性、行事风格。机会终于来临！1985年，川普兴建纽约第一个住宅公寓——川普大楼。芭芭拉立刻将它纳入"柯克兰报告"的统计，结果川普大楼的售价排名第四，她立刻把这份尚未发表的报告请专人送给川普。她判断，事事争第一的川普将会找上门来。果不其然，报告送达一个小时后，她接到川普约她次日见面的电话。

经彻夜计算，她发现，如果将成交价格合并税金来计算，并将计算单位从"每户"改成"每平方尺"，川普大楼的平均每平方尺售价就是第一名。第二天，她告诉川普这个发现，并当场更改"柯克兰报告"。川普大悦，两天后便在《华尔街日报》刊登整版广告：根据"柯克兰报告"，川普大楼是全世界地王之王！从此，她的公司取得川普住宅的销售权，其中包括 1994 年以9000 万美元成交的川普广场饭店，创下当年最高金额的交易案。有了川普这个指标性的客户，许多大客户也跟着来了……2001年，柯克兰公司以年营业额 20 亿美元成为纽约最大的住宅房地产中介商，员工上千人，芭芭拉也成为纽约房地产天后。同年 9 月，她在纽约房地产最高峰时期，把公司以 6600 万美元卖掉。为这一天，她整整打拼了 23 年。如今，年逾 60 岁的芭芭拉再度出征，成为家喻户晓的电视名人、作家，她要为自己继续系上梦想的"红丝带"。

虽然在她的生命中，在读完社区大学以后连一份像样的工作都没有找到，虽然在换了 21 份工作以后她还是在一家餐馆里面打工，并且在这个餐馆里面她还是因为外貌的原因无法胜过那个迷人的金发小姐，但是她没有妥协，也没有气馁，而是想尽办法去改变自己的命运，改变自己的处境。所以她就给自己的马尾上系了一根"红丝带"，以此吸引了顾客，当然她的做法成功了。在后来的人生中即使有很多的不如意，她还是一直坚守着自己，用红丝带引导着自己，不管遇到多大的困难都没有妥协，她一直都在执着地追求着自己的人生，追求着生命的价值。

其实我们很多人都跟故事中的芭芭拉一样，我们没有什么特别的优势，有时候命运也似乎跟我们故意作对一样，让很多事情

都不能如愿。但是这时候，我们记得不要悲伤，也不要在失意中让时间匆匆地溜走，我们需要坚定自己的脚步，在不如意的人生中寻找到如意，在充满困惑的人生中追逐到光明。

心灵絮语

没有一切都如意的人生，也没有一帆风顺的生命，每个人在自己人生的路途上都会遇到一些挫折，也会碰到一些磨难。如果这时候我们只是抱怨，只是在颓废中度过自己的生命，那么一生也只能在不如意与抱怨中煎熬。所以，人生无须强求如意，我们应该在玩世中追逐自己的辉煌。

摆正心态，让生命如虎添翼

很多时候决定我们人生高度的并不是我们拥有多少才能，有着怎样的智慧，而是看我们拥有怎样的心态，就像有人说的，心态决定我们的命运。可能我们会想心态虽然重要，但也不是决定我们人生的唯一条件吧？可是，不管怎样心态对我们的人生还是至关重要的。如果我们能够摆正心态，那么我们的生命也会如虎添翼。

有人说，心态是我们最大的本钱。就算有时候我们一无所有，有时候我们正面临着厄运，并且也被贫困造访，但是，如果我们能够拥有一个良好的心态，通过自己的努力不断地去改变命运，那么厄运也会慢慢地变成幸运，当然贫困也会慢慢地远离。因为有了良好的心态，那么不管在什么时候我们都能够积极向上地努力，不管发生了什么样的灾难我们都能够满怀希望地去追逐。

　　就像在我们的生命中遭遇了背叛的时候，如果我们能够看开这一切，用自己的豁达去与愤怒抵抗，然后在背叛中获取自己人生的一些感悟，而不是从此变得不相信任何人，那么我们就不会被自己的愤怒所左右，从而做出一些让自己后悔的事情；在我们的人生遇到挫折与困难的时候，当我们的人生甚至是陷入了绝境的时候，如果我们依旧能够用积极向上的态度去面对一切，那么任何的困难都不会难倒我们，当然我们也会在绝境中看到希望。

　　生命就是这样，如果我们用淡然的微笑豁达地面对，那么它也会给予我们豁达与淡然，也会对我们释放微笑，但是如果我们用悲伤与绝望去面对，则它也会还给我们真正的伤痛以及绝望。就像是有个伟人说的："要么你去驾驭生命，要么是生命驾驭你。你的心态决定谁是坐骑，谁是骑师。"用积极的心态去面对生命中的一切，那么我们也就驾驭了自己的生命，可是如果我们用消极悲观的心态去面对自己的人生，那么我们则会被命运所驾驭，永远只能做命运的坐骑，也只能屈服在命运之下。

心态就是这样神奇的一个东西，它可以在我们短暂而又珍贵的生命中为所欲为，可以给我们的人生带来一些意想不到的收获，也有可能会将我们推向命运的泥潭，让我们泥足深陷，永远无法爬起。

罗伯特是美国著名的心理学博士，他在哈佛大学主持了一项为期六周的实验，即老鼠通过迷阵吃干酪的实验，其对象是三组学生与三组老鼠。

他对第一组学生说："你们太幸运了，因为你们将跟几个天才老鼠在一起搞实验。这些聪明的老鼠能迅速通过迷阵抵达终点，然后要吃许多干酪，所以你们必须多准备些干酪放在终点。"

他对第二组学生说："你们将跟几个普通老鼠在一起搞实验，但它们最后还是能通过迷阵抵达终点，然后能吃到一些干酪。因为它们智能平平，所以你们的期望不要太高。"

他对第三组学生说："很抱歉，你们将跟几个愚笨老鼠在一起搞实验。这些愚笨老鼠的表现会很差，几乎不太可能通过迷阵到达终点，因此你们基本不用准备干酪。"

六个星期之后，实验结果出来了。天才老鼠果然能迅速通过迷阵很快就抵达终点；普通老鼠也能到达终点，不过速度很慢；至于愚笨的老鼠，只有一个通过迷阵到达了终点。

其实各组的学生并不知道，参加实验的所有老鼠全都是同一窝的老鼠，根本就没有什么天才老鼠、普通老鼠与愚笨老鼠的区别。这些老鼠的表现之所以出现天壤之别，完全是因为参与实验的学生受到了罗伯特博士心理暗示影响的结果，是学生对老鼠能力抱有不同心态的结果。

不错，学生们当然不懂老鼠的语言，然而老鼠却能感受到学生们对它们的心态。

因为心态的不同，让三组有着一样智商的老鼠在试验中得到了截然不同的结果，这就是心态的力量。所以在我们的人生中不管做什么事情我们都应该摆正自己的心态。就像是我们在做任何一件事情的时候都应该抱着必胜的心态而去，然后再加上自己百分之百的努力，那么不管那件事情是多么的难以完成，有着多大的挑战，我们都能够凭着自己的执着以及努力去完成。相反，如果对于一件事情我们没有一点的信心，且在一开始的时候并没有摆正心态，只是抱着试试的态度，在完成的过程中也只是含含糊糊，那么肯定不会有什么好的结果，我们也只能向困难屈服。

所以在我们的人生中一定不要小觑心态的力量，也不要忽视良好的心态给我们带来的强大的作用。如果我们忽视了，那么就可能会损失一笔很大的财富。在我们的生命中一定要紧握住命运的双手，要懂得去为自己的人生增加砝码，要懂得用心态的力量去完成那些似乎是不可能完成的事情，当然也要让良好的心态成为我们走向成功的必备工具，只有这样我们才能够在充满艰难险阻的路途上走得更远，走得更加顺畅。

人生中没有什么不可能发生的事情，人生中也没有什么不可能跨越的高山、度过的艰险，只要我们努力去做，只要我们在任

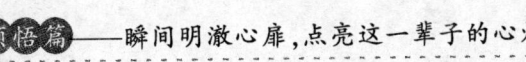

何时候都能够摆正自己的心态，坚强不屈，那么总有一天我们会跨越人生中的重重高山，会征服命运中的种种磨难，会驾驭自己的命运，成为骑师，会让自己的生命在历尽艰辛与苦难之后绽放出最耀眼的光芒。

心灵絮语

可能我们改变不了在生命中会发生的种种厄运，我们也无法预料在哪段路途中我们会跌倒，但是我们可以掌控自己的心态，让自己在跌倒的时候努力地爬起来，让自己在遇到困难的时候仍旧积极向上，我们可以做自己生命的骑师，可以将命运牢牢地握在自己的手中。

抓住改变命运的那几秒

命运的改变很多时候并不是在那漫长的等待之中，也不是在那无边无际的期冀中，而更多只是在那关键的几秒之间。只要在这几秒之间如果我们能够扼住命运的喉咙，能够抓住眼前的机遇，能够坚持下去，那么生命可能就会发生逆转，而我们的幸运也会上演。

在生命中，我们常常想着如何去改变自己的命运，就像是作为一名一直没被伯乐发现的街头画家，他们总想着有一天能够被人们认可，想着自己所作的画能够被世人收藏，所以不管如何艰难他们都在坚持着自己的梦想。可是在坚持的过程中，有的人真的一瞬间成名，原本只卖几十块钱的画作一瞬间涨至上万，从此身价百倍；但是有的人却还是那样的默默无闻，每天只能守着自己的梦想维持着艰难的生活。可能他们的能力相当，所作的画也有着一样的水平，但是不同的是他们其中有人懂得抓住机会，懂得如何更好地让自己的梦想绽放光芒，也就是他们懂得抓住改变自己命运的那几秒。

就像狄更斯说的，成功好比一张梯子，"机会"是梯子两侧的长柱，"能力"是插在两个长柱之间的横木。只有长柱没有横木，梯子没有用处。我们的人生就是这样，如果想要变得成功，在除了必不可少的能力之外，我们还需要懂得抓住机会，把握能够改变自己命运的那几秒，只有这样才能够获得成功。卡耐基也曾说过，当机会呈现在眼前时，若能牢牢掌握，十之八九都可以获得成功。而能克服偶发事件，并且替自己找寻机会的人，更可以百分之百地获得胜利。由此看来，机遇是一个人想要成功的必不可少的条件，在一定程度上来说也是我们获得成功的关键。

当然对于机遇，每个人都有自己不同的理解。有的人觉得机遇是上天对我们的恩赐，当然也有很多的人在等待着机遇，但是有的人苦苦等待了一辈子还是一无所获，于是就觉得是上天对自

己的不公。可是我们要知道,其实上天对于我们每个人都是公平的,对于机遇的获得也是一种平等的关系,只不过在我们的人生中有的人比较善于发现机遇,有的人在机遇走过自己的身边还是一无所获,当然也就有了不同的结局。一般来说,成功的人都能够发现机遇,并且能够抓住改变自己命运的那几秒,有时候不管是多么细微的事情,他们也能够很好地利用,从而真正地改变自己的一生。

某公司招聘一名业务主管,在经过几轮残酷的考核淘汰之后,应聘人数由最初的几十人变成了3个人。3位应聘者在前几轮的测试中表现都十分出色,无论学识、阅历、口才、形象都相差不多,简直不分伯仲。

最后,公司经理亲自出面挑选最后的人选,他的测试方法非常简单:在桌子上放了几张白纸和一支注满了墨水的金笔,让三位应聘者在纸上写下各自的简历。

这时候应聘者甲坐到桌前,拧开金笔正要写字,恰好金笔漏下了一滴墨水,不偏不倚落到了洁白的纸上。应聘者甲慌忙把滴了墨水的纸揉成一团,重新拿了一张纸写起简历来,无奈金笔依旧漏水,短短一份简历,等他写完已经用了四张纸。

接着应聘者乙上场了,在发现金笔漏水后,他从容地从西服口袋里拿出自己的笔,顺利地写完了简历。

最后轮到应聘者丙上场了,他发现金笔漏水后,并没有急着书写简历,而是不慌不忙地拧开金笔,小心地捏了捏金笔的储墨囊，排出储墨囊里过多的墨水。这样金笔不再漏水，他自然写得格外从容。

最后，经理宣布，公司决定留下应聘者丙担任他们公司的业务主管。这时候其他的两位应聘者就有点不服气，他们就问自己落选的原因。这时经理就告诉他们："论学历，论资历，你们几乎分不出高下，但是应聘者丙在看到金笔漏水后，并没有着急去写，也没有换一支笔，而是愿意花费时间去寻找问题的根源，即使是拧开金笔这样一件小事，他也去做，最后解决了最根本的问题。从这一点上看，他要比你们高明。

就是那简单的一个思考以及一个动作，就让他在应聘者中脱颖而出，取得最后的胜利。在这个过程中并不是说上帝的特别照顾还是别的什么因素让他获得了最后的胜利，只是他懂得思考，懂得用那几秒钟的时间去改变自己的命运。其实在我们的人生中也是一样，有时候一些机遇一些机会就在那一瞬间，并且有时候还需要我们自己的创造，如果我们能够像故事中的那个应聘者丙一样，能够在细微的事情中动动自己的脑子，能够不断地思考并且能够抓住细微的部分，那么我们一定可以得到命运之神的眷顾，当然我们也能够抓住每一个机遇，创造生命中的一个又一个奇迹。

人生想要绽放自己的风情，想要得到命运之神的眷顾，我们就必须补齐生命中忽略的那一分一秒，用谨慎的态度去面对人生路上的一切，拥有一颗善于发现的心，并且要用自己敏锐的洞察

力以及敢于尝试的勇气去探索生命。只有这样，我们才能够抓住命运给予我们的每一次赏赐，当然我们也能够抓住每一次的机遇让自己的生命释放出精彩。

心灵絮语

人生中有很多的机遇，人生也有很多次机会需要我们去发现从而改变自己的命运。只要我们能够紧紧抓住可以改变自己命运的那几秒，那么不管是多么坎坷的人生，不管是多么难以前进的道路，我们都能够创造出属于自己的精彩，也能够获得成功。

在别人放弃的时候选择坚持

人生需要不断地尝试，只有这样我们才能够找到生命的至高点，当然只有在不断地尝试中不断坚持下去，我们在自己的生命中才不会留下太多的遗憾。所以不管在我们的生命中遭遇怎样的磨难，不管我们在泥泞的路上跌倒了多少次，都要记得在别人放弃的时候选择坚持，因为只有不断地坚持才有可能获得成功，才有可能在自己的生命中创造奇迹。

俗话说，常常是最后一把钥匙打开了门。在我们的人生中的确如此。有时候当我们想要达成一个目标的时候，总是在路途中有这样那样的事情阻挠着我们，并且也总是有很多的坎坷以及失望在我们的生命中出现，最后似乎不得不放弃，因为没有任何的希望，但是放弃以后我们才会发现，原来在那条路上自己一无所获，而只是将珍贵的时间以及精力浪费了。难道真的是自己走错了那条路吗？难道真的是那个目标不能够达成？其实很多时候都不是那样的，只是我们在中途的时候选择了放弃，在觉得无路可走的时候我们自己停了下来，没有再去坚持，所以就只能让成功的那扇门紧闭。当我们的人生遇到困难与挫折的时候，如果能够在别人放弃的时候依然选择坚持，直到目标完成，那么我们就有可能打开成功的大门，因为我们使用了最后一把钥匙。

　　人生中每一个目标的完成，每一次成功的获得都不会那么一帆风顺，也不可能没有任何的阻挠，所以在我们面对这些阻挠这些挫折的时候，能不能够继续坚持下去就是我们与成功有没有缘分的关键，如果在最后一秒的机会中我们也能够坚持，那么就算是成功与我们擦肩而过，我们也没有什么遗憾。如果是因为我们没有把握好机遇，在中途放弃从而让成功与我们无缘，那么就算再怎样的洒脱，也会觉得遗憾，毕竟生命的旅途太过短暂，经不起我们一次又一次的失败与遗憾。所以，在我们的人生中不管遭遇了什么，不管在我们追求的旅途中有多少坎坷，我们都不要忘记在放弃的时候记得再去尝试一次，即使是还有一秒钟的时间也不要放弃，因为可能这次坚持就会让命运之神眷顾我们。

经济不景气时，华尔街裁员是非常无情的。一分钟甚至一秒钟前还是拿着高薪的白领，顷刻间就会变成无业游民。2002 年，强尼就亲身经历了这样一次大规模的裁员！

那天，强尼像往常一样到公司上班。一进办公室，就看见地上堆着无数空的计算机箱子，回想起楼下停着的十多辆出租车，强尼不禁心里一震。突然，强尼桌上的电话响了，强尼的血液一下子凝固了，机械地接起电话："马上通知所有员工，到会议室开会！"放下电话，强尼感到双腿有些瘫软。

在员工大会上，高层领导宣布这一天 SunGard 兼并了 BrutECN。SunGard 的"接收大员"对他们开发的 BWS 系统赞赏不已，承诺强尼所在的部门不会裁员，还准备投入资金、人力，把产品开发成旗舰产品。那一刻，强尼感觉自己就像灾难中的幸存者一样。然而，命运又一次捉弄了人。12 月中旬的一天，强尼所在的部门突然被一锅端了，真是世事难料啊！

那时的华尔街，正逢"9·11 事件"过后的不景气阶段，各大公司的裁员声一浪高过一浪，被裁掉的员工不计其数。据统计，当年华尔街的从业人员从 40 万被裁到了 20 万，数量大得惊人。2003 年新年刚过，备受打击的强尼不得不打起精神重新找工作。

如以往那样发出了一批履历，但除了猎头公司来了几个电话，就没有任何音讯了。这是以往不曾有过的，强尼感到不对劲儿了。后来看到一份统计才知道，那时 35% 的公司在裁员，60%

的公司人事冻结，而仅剩的5%招工的公司又大都通过内部招聘，如员工的介绍等。通过多方努力，1月中旬开始，渐渐地有了面谈。

第一个是汇丰银行，一谈下来，他们那个部门的业务强尼从未做过，于是强尼将履历改了一下，加上了金融的内容，同时恶补了相关的知识。2 二月开始，面谈多了，包括 BancoSantende（西班牙语系最大的银行）、美洲集团、美林证券等，但因人事冻结，只是3到6个月的短期合同，强尼便将这些面谈作为练兵，积累经验。不久，又有两家公司的面谈被列上了日程，这两家无论在技术还是业务上都和强尼以往的经验很吻合，强尼抱着必胜的信念上路了。

第一家是CIDC，一谈下来非常对路，估计成功的概率很大！哪想到情况突变，他们突然不添人手了，强尼的心再一次跌到了谷底。第二家是瑞士的第一大财团，一面谈，双方都很满意。但问题是他们不在纽约，在康州。因妻子在纽约读书，只好作罢。接连失去两次机会，强尼有些慌了。

就在这时，强尼接到了一个电话。一个自称 Don 的人开口就问强尼："你是不是在找工作？知道全世界房价最高的地方在哪儿吗？""旧金山。""那么哪里的生活水平最高呢？""当然是日本东京喽。"他一个接一个地问强尼一些与工作不相关的问题，令强尼十分纳闷儿。后来强尼才知道，他来自 CSFB（瑞士的第二大财团下属的投资银行），正在物色适合的助理副总裁，负责该银行的电子交易软件的开发。

由于中国人的技术不成问题，可交流常常出问题，所以，他们从收到的四百多份履历中先挑出 80 份通电话，然后选出 30 个人面谈，再选出 18 个送到总部面谈……经过一番激烈的竞争，一星期后，强尼终于接到了翘首以盼的正式聘书，薪金竟然比强尼在 BrutECN 时还多出 5000 美元，真令人惊喜！

面对不景气的经济，面对自己的视野，面对那一次又一次的失败，强尼还是没有放弃，他不断地坚持着去寻找属于自己的工作，也不甘心地一次又一次地承受着打击，但是坚持是没有错的，他终于在自己的坚持下赢得了最后的机会，找到了一份属于自己的并且几乎完美的工作。

所以，在人生路上不管遇到怎样的困难我们都不要妥协，就算是有时候觉得走投无路也不要轻易放弃，因为可能我们再坚持一下，只要坚持着拐过那个街角，前面等着我们的可能就是康庄大道，就是一道道绚丽的彩虹。

命运给我们多少考验以及磨难都不可怕，可怕的是我们没有一颗能够战胜困难不断坚持的心，可怕的是在艰难的旅途中我们放弃了自己。所以，在我们的人生中不管遇到了怎样的磨难，只要我们能够不放弃，能够坚持下去，那么下一站可能就是柳暗花明。

谁说弯路上没有风景

　　人生中并不是所有的路都是笔直宽阔，也不是所有的旅途都能够顺畅无阻，有一些弯曲有一些坎坷有一些险阻都是正常的。可能有的人说在弯曲的路上很少会有风景，一路应该都是荆棘满布，其实事实并非如此，弯曲的路上也有风景，只要我们能够用心去寻。

　　命运有时候就像是一个调皮的孩子，总是给予我们这样那样的戏弄。有时候在我们原本平顺的路上总是要去扔一两块石子，阻碍我们的前进；有时候看着我们哭泣的时候还要给予我们一场"及时雨"，让我们的心淋得更为透彻；当然有时候也会给我们原本荆棘满布的山路上又来一个急转弯，让我们一时不能够止住脚步，直摔得满身伤痕……所以很多人都在抱怨，命运究竟是一个什么东西，为什么总是以戏弄我们为乐趣，为什么不在我们的生命里多放一些美丽的风景，而总是给予我们一路的泥泞与沼泽？

　　其实，命运并不是一个总爱捣蛋的小孩，也并不是以戏弄众人为自己的乐趣。他在我们的生命中摆放那些石子，只是想让我们在前进的路上走得更加稳当，想要我们不管在怎样的路途中都

能够看到自己的脚下，时时注意着不要摔跤；在我们哭泣的时候给予我们一场"及时雨"，只是想要我们淋得更加透彻，记住自己那时的狼狈与辛酸，从而让我们在以后的旅途中不要再那么的脆弱哭泣；而在我们原本荆棘满布的山路上送给我们一个急转弯，只是想要告诉我们人生中的灾难不仅仅如此，还有很多的困难是我们没有经历的，如果连这么一点挫折都应付不了，那么前面的柳暗花明就只能是空中楼阁。所以说，在我们弯曲的道路上其实早已经放着美丽的风景，只是看我们能不能走过泥泞的那段路，能不能领会而已。

三四岁时，他才能坐立。但他的骨骼密度很低，完全无法支撑身体直立时带来的压力，加之腿骨严重、持久性地扭曲，这辈子他都无法行走了。更不幸的是，他身高长到大约 1 米时就到了生长极限。到了上学的年龄，他一刻也不能和轮椅分离，只有晚上才能躺在卧室的地板上放松一下早已疲惫不堪的躯体。随着年龄的增长，他骨折越来越频繁，这让他不得不经常辍学，在家养病。

小学四年级的那个万圣节，所有的孩子都戴上狰狞的面具出门搞恶作剧，尽情玩耍。他躺在地板上，也开心地慢慢打起滚儿来。就在他忘乎所以之际，左腿突然卡在了门框和墙角之间，接着，他听到了一声清脆的"咔嚓"声，紧接着是撕心裂肺的疼痛，让他痛不欲生。由于他病情特殊，一旦意外发生骨折，就必须严格保证身体被固定在事发地点，然后一动不动地保持受伤时的姿势达六个星期，让骨骼慢慢地自动愈合。在此期间，吃喝拉撒睡都只能就地解决。他快被逼疯了："为什么？我究竟做错了什么？"

"孩子，你愿意把这种磨难当作人生的礼物还是重担？"母亲看着他，声音不大，但坚定而有力。

这句话给了他极大的震撼和鼓舞，猛然打开了他黑暗人生中的一扇窗。随后，妈妈又告诉他："你要记住，痛苦是所有人都无法避免的，它早晚会降临到每个人身上，但是，我们面对痛苦的态度却是可以选择的。"从此，他学会了永不放弃，那种时常萦绕心头的绝望和无奈，早已烟消云散。

读高中时，学校的广播站和电视台成了他发挥想象力的重要场所。高中四年里他制作过各种广播节目，包括脱口秀、约会秀和时事评论等。他还制作过一个校内电视连续剧，在镇上的有线电视台播出时吸引了不少粉丝。后来，这部连续剧被选中参加哥伦比亚大学视频作品大赛，获得了剧情类作品银奖，等等。

他的生活经历让人敬佩不已。从高中到大学，有很多公司、学校和教堂都慕名邀请他去作演讲，但当时他并没有考虑过把这作为一个正式工作来做。有一天，爸爸对他说："儿子，如果你想改变世界，完全可以试试做个职业演说家。很多人都喜欢听你的故事，他们都很敬佩你，你也可以像安东尼·罗宾斯那样成为能够影响全世界的人。"这番话一下子点亮了他的信念。的确，做一个职业演说家不是也能让自己实现改变他人的目的吗？于是，他开始四处演讲，苦练自己的表达能力。

　　为了应对演讲中人们提出的各类棘手问题，他重返校园，学习心理治疗和神经语言程式，并获得了专业证书；后来又报考了大学临床催眠专业的博士。与此同时，他还办了一家私人心理治疗诊所，一边学习一边进行实践。后来他成了心理治疗师和国际知名演说家，他曾到过美国的47个州，还到世界各地巡回演讲，以自身奋斗的经历鼓舞了成千上万的听众。激励大师安东尼·罗宾斯、美国前总统比尔·克林顿，都被他对生命的热情所感动。他就是美国的西恩·史蒂芬森。他的著作《拒绝失败的人生》畅销全世界。

　　在西恩·史蒂芬森的道路上无疑是荆棘丛生，泥泞满布，当然在这样的一条路上他挣扎过、痛苦过，但是所有的一切最后都化为积极向上的动力，他懂得在自己弯曲的道路上去领略人生中的风景，他也懂得在自己坎坷的路途中创造出属于自己的生命价值，所以他在自己的路上可以说是看遍了人生的风景，也获得了最大的成功。

　　所以，在我们的人生中，不管道路是多么的弯曲，不管有多少荆棘与泥泞，我们都要相信在如此弯曲以及难走的道路上始终会有风景。可能风景就在拐角的出口，可能风景就在我们不断行走的路途中。只要我们相信，只要我们能够不断地找寻，那么肯定会有收获。

命运很多时候都容不得我们去选择，我们能够选择的只是生活的方式，只是面对人生的态度。所以，不管前进的路上有多少苦难与挫折，不管有多少泪水与泥泞，只要我们把这些灾难当作是礼物，能够执着向前，那么在弯曲的道路上我们也能够找到美丽的风景，在坎坷的人生中我们也能够嗅到生命的芬芳。

承受生命之轻，承受生命之重

生命也有属于自己的重量，当我们的人生中背负了责任、意义，背负了亲情、友情、爱情，背负了梦想、追逐乃至坚持不懈的时候，我们的生命会变得越来越重，当然也会变得更加充实。而当我们卸去了这些，拥有自由，拥有一些闲暇的时候，我们的生命也会变得轻松。当然，怎样的人生都在于我们自己的选择，谁也不能够主导，除非自己。

人这一生会走很多的路，也会经历很多的事情。从牙牙学语到撑起一个家庭的责任，从一个年及弱冠的少年到一个看透世事

的耄耋老叟，在这中间有很多的事情需要我们去承受，也有很多的问题需要我们去解决，有很多的磨难需要我们度过。当然可能由于每个人想要的生活不同，所拥有的人生观或者是价值观不同，所选择的道路也就不同，可是不管什么样的选择都只能是一辈子的事情，并且不管是怎样的选择都要去承受生命给予我们的重量，不管这个重量是轻还是重。

　　轻松的人生少去了一些生命的碰撞，轻松的人生少去了一些坎坷的挣扎，当然轻松的人生也就多了一些自由，多了一些畅快。就像是有些人不想承担家庭的责任，不想承担爱的重量，所以选择了孑然一生的命运，选择了一个人终老，选择了让生命去流浪。当然这样的生命虽然轻巧，虽然无牵无挂，但始终少不了寂寞与孤独，少不了冷清与无助。并且这样的人生在旅途中可能会少去很多的灾难与坎坷，也会少去很多的麻烦与顾虑，但终究是少了一点精彩，也少了一点韵味。当然，也不是说这样的人生没有散发自己的精彩，只是这样的人生因为太过于孤寂，太过于落魄而很少有人去选择，也就是说很多人选择了有重量的人生，他们宁愿在负重的人生中找寻属于自己的精彩。

　　就像有些人虽然他们的道路走得很坎坷，虽然他们每天都要想着如何让自家的生活过得更美好，每天为了生活不断地奔波，不断地辛苦，并且有时候甚至会感觉现实把自己压得连气都喘不过，但是他们还是会坚持，因为他们心中有信念，他们心中充满了希望，他们愿意去承受生命的重量，在这些重量中感受生命中的幸福与安然。

女人刚把菜放进锅里，男人的电话就打了进来："媳妇，睡没？""没，正要热菜呢。""不热了，咱出去吃。""都半夜了呀。""穿好外衣下楼吧，我等你。"男人语气执拗中又充满期待，女人不忍拒绝了。

　　楼道寂静，女人刚下半层，就听到男人有意的轻咳。女人小声问："怎么上来啦？""怕你害怕。"说话间男人已到眼前，两人牵手而下。

　　出楼门，红色出租车正停在门口。坐进车里，女人蹙起眉头："怎么又没锁车啊？"男人拍着脑袋说："嘿，光想着你害怕，急着接你了。媳妇，可别生气啊，平时我连出去吐口痰都会把车锁得密不透风的。"女人"扑哧"乐了："别贫嘴，这大半夜的去吃什么饭呀？孩子快上小学了，要多攒些钱，妈身体不好，也要存些钱，还有……""不怕，咱就吃碗面。对了，不说让你先睡，我自己热菜就行吗？"男人边说边把暖风拨向女人的方向。"你？你只会图省事吃冷的。你天天这么辛苦，不说吃得多好，总要吃得热乎乎的呀。""你啊——"

　　七拐八转，车子在小巷里的一家面馆附近停下。一坐下，男人就豪爽地点起来："老板，来两大碗牛肉面，一盘牛腱子，一盘花菜，一听啤酒，一瓶可乐。"女人有点急："怎么点那么贵的菜？"男人也不解释，只呵呵笑着用餐巾纸把女人面前的杯子细致地擦好。

　　牛肉面送来了，热腾腾的，香味扑鼻。"好香！"女人轻赞。

"嗯，这是秘制老汤煮的，我找了好久才找到这家。"男人答。女人把面送入口中，刚嚼两下就不住点头："好地道，有我家乡牛肉面的味儿。"男人仿佛一直等着这话。女人一说完，男人就放松地靠到椅背上，从胸腔里畅快地吐出一口气。"你也吃呀，傻看着我干吗?"女人催着。"好，好，一起吃。"男人应着，却并不动筷，而是掏出手机看。

女人正要询问，男人却忽然满脸激动地站起来，大声说："在座的哥们，现在是 24 日的午夜 11：59 分，再过一分钟就是 25 日。25 日是个好日子——是我媳妇的生日，我就是个的哥，家里上有老下有小，不敢搞大了，就想着带我媳妇吃一碗有她家乡味的长寿面，第一时间里……"说到这儿，男人凝视着女人，深情地说："媳妇，第一时间里祝你生日快乐!"言罢，男人一仰脖，喝干了杯中的可乐。

车里，男人轻声问："媳妇，高兴吗?""嗯。"女人轻声应。男人边开车边美滋滋地哼着《生日快乐》。女人嘴角轻扬，笑靥在腮边漾起一圈圈美丽的涟漪，素日生活中的沉重与疲累全清空了。此刻，女人感觉自己是那么轻盈、快乐、幸福。

虽然他们为了生活要不断地奔波，虽然他们只能住在破旧的房子里，不能够在豪华的餐厅吃着午餐与晚餐，虽然他们在晚上的时候不能像正常的夫妻一样安然地入睡，但是他们有自己的生活方式，他们在充满重量的人生中有着属于自己的幸福。就像是丈夫在面馆中给自己妻子过的独一无二的生日，就像是那一句

"媳妇，高兴吗"这样的平凡无奇的话语，却也道尽了属于他们的生命的重量。其实在他们的意念里，不管生命有多么的沉重，他们都甘之如饴。

甘之如饴的生活就是生命最好的状态。只有这样，我们才能够做到不管生命是什么模样，都能够感受到幸福。不管生命是轻松还是沉重，不管人生中是风雨还是彩虹，只要甘之如饴，只要能够在轻重之间找寻到属于自己的精彩，属于自己的乐趣，那么生命就是色彩斑斓的，那么幸福也就是我们的囊中之物。

心灵絮语

生命的轻重很多时候只是一个状态，无关我们的幸福。虽然可能在轻松的生命中我们卸去了很多的重担，从而感觉到了一丝孤寂，虽然沉重的生命让我们感觉到了窒息的疼痛与哀伤，但是有了一些甜蜜。这都是属于我们自己的人生。只要我们能够认可，只要我们觉得舒适，那么都会是精彩的生命，都会别具风情。

展望篇

——拓宽未来视角，绘制独特完美新生活

拥抱明天，让心灵和浩瀚的宇宙融合。

第七章　打消顾虑，此生必有幸福

生命中总有那么一些美好，也总有那么一些温暖是我们想要去追逐的，也是我们想要去拥有的。但是，在追逐的路上可能遇到一些挫折，会有一些疑惑与顾虑，也会有一些不幸出现，但是不管是怎样的路途，不管在追逐的路上有多少顾虑，只要我们能够坚定自己的信念，能够打消那些顾虑疑团，那么幸福可能就在不远处，可能生命的宽度也会被我们拓展。

无法左右生命长度，就拓展它的宽度

每个生命都有它自身的长度，而关于这个长度我们很难去左右。但是生命依旧有自己的宽度，而对于宽度我们却可以把握。如果在我们的生命中遇到了困难与挫折，遇到了阻挠与困扰还是能够坚持不懈地去努力，不放弃自己的梦想，那么生命的宽度一定会被我们拓展，当然我们也会收获美丽的人生。

　　每个人都有自己独特的生命，每段旅程也会有自己独有的风景。就像是在有些人的旅途中会遇到荆棘障碍，会遇到艰难险阻，但是在有些人的旅途中却是绿树鲜花，一路的芬芳。可能我们会因为命运如此的不公而抱怨，也会因为自己旅途的艰难想要放弃，也会因为自己所走的路途的窄小而想要换道。可是，不管我们多么地想要避开不如意的路途，想要逃离如此狭窄的道路，但是有些路只要我们走上去了，不管是多么的狭窄多么的不愿意也要坚持下去，因为那就是我们的路，就是我们不可回避的人生。

　　既然狭窄的道路让我们无法回避，既然不如愿的人生也是我们无法改变的事实，那么我们何不试图去改变自身，不断地去拓宽我们生命的宽度，从而让自己的道路变得好走，让自己的人生变得如愿呢？其实我们可以的，只要我们不断地去追逐，不断地去努力，秉着自己心中的信念，不断地去开拓，那么总有一天我们会把自己的生命拓宽，我们也会将自己的道路变得好走。

　　他出生在英国首都伦敦。小时候，他曾是一名口吃患者，性格非常孤僻，在公众场合很少说话。

　　幼年时，为了躲避"二战"，他们举家迁往纽约。每天，父母都会通过收听广播了解大洋彼岸的局势和动态。乖巧懂事的他坐在桌子的一旁，似懂非懂地聆听着追踪报道。一天，电台在播报愈演愈烈的"二战",但这次增添了不同于往常的内容。一种铿锵有力的声音,霎时响彻每个人的心底,那是乔治六世在号召英国人民奋起抵抗纳粹的精彩演说。因为感受到了希望,父亲高兴得手舞足蹈,母亲在一旁郑重其事地说:乔治六世,我们的国王,曾经患过和你一样的病症。但今天,这场演说太精彩了……

说者无心,听者有意。自那以后,他开始认真地接受口吃治疗,拼命地练习发音。有时甚至为了某一重音,他要耗上几个小时。但他始终坚信:我可以和乔治国王一样。一天、一月、一年……直至16岁,他的口吃病才得以治愈,但年少的他已经知晓:不管做什么事情,只要用时间和耐心去打磨,就会有收获。成年后,在朋友的引荐下,他进入好莱坞,开始了自己的编剧生涯。虽然拥有满腔热情,但他所写剧本根本没什么反响。不甘平庸的他,决定打造一部拿得出手的精品。冥思苦想之后,他想到了自己幼年时的经历,想起了乔治六世的那篇精彩的演讲,霎时,一个故事就在他的脑海中成型了。

此时,他遇到了一个更大的难题:必须接受乔治六世遗孀伊丽莎白开出的条件,只有等她去世后,这个故事才被允许讲述。无奈,他只得等待,再等待。然而,这一等就是28年。但是,他的内心非常平静。在这段漫长的日子里,他反复琢磨乔治六世的自卑、绝望和委屈,一遍又一遍地修改原稿,足足改了50遍,一个波澜壮阔的故事在他的笔下被写得云淡风轻。

功夫不负有心人。2011年2月28日,依据此剧本筹拍的电影《国王的演讲》在奥斯卡金像奖的颁奖典礼上获得最佳原创剧

本奖，他就是该片74岁的编剧大卫·赛德勒。成名后，大卫·赛德勒经常被记者们问到一个相同的问题："你为什么愿意耗尽一生的精力只为等待一部戏？"他总会淡淡一笑，意味深长地说："我是耗尽一生的精力只为打磨一部戏。"

耗尽一生去打磨一部戏，其实也是耗尽一生从一个点去拓宽自己生命的宽度。当然他成功了，他的电影《国王的演讲》也在奥斯卡颁奖典礼上大获全胜。这都是早已注定的结局，即使他曾经是一名口吃患者，即使他生命的宽度与别人没有什么不同，但是他有自己的信念，他懂得坚持，他懂得在一个目标与梦想中用自己的坚持与耐心，用自己的努力与不懈去拼搏、去奋斗，所以经过几十年的打磨他的生命呈现出来了令人瞻仰的宽阔，他的人生也散发着最迷人的醇香。

其实我们的生命也是如此，如果我们能够耗费自己的精力以及勇气，用自己的坚持以及耐力去打磨自己的生命，用几十年的时间去执着于自己的选择，那么我们的生命也会像故事中的男主角一样变得宽阔，而我们的人生也会散发出最迷人的醇香，当然我们也会收获属于自己的那份美丽人生。

心灵絮语

虽然在我们的人生中，我们无法左右自己生命的长度，但是对于宽度我们却可以开拓。只要我们能够找到自己的方向，并且朝着那个方向不断地用自己的耐力与勇气，用自己的信念与执着，用自己的坚持与不懈去打磨，那么生命的宽度一定会被我们拓宽，当然我们也能够收获人生中的芬芳。

保持求索的那份执着

有时候，我们在一条路上摸索了很久，但还是一直都找不到出口，可是当我们想要放弃的时候却发现，出口就在前方，只是那时候我们已经停下了自己的脚步，已经不能够继续前行。所以，在人生中不管何时，我们都应该保持求索的那份执着，不管命运给予了我们多少考验，我们都应该懂得坚持下去。

人生中，很多成功的获得都不是那么容易，需要我们不断地求索，不断地坚持。就像是在一条路上，我们需要摸索很久才有可能找到出口，当然也有可能在我们摸索很久之后还是找不到，所以就选择了放弃，但是当我们回过头去看的时候，却发现和我们一起出发的人早已到达了终点。这时候我们就会开始抱怨，也会懊恼责怪自己没有坚持下去，或者抱怨命运与自己所开的玩笑。其实这时候我们无须抱怨，因为抱怨没有用，也不要责怪命运对我们的不公，如果想要寻找原因，那可能只是我们没有坚持

到最后。

坚持到最后，始终保持求索的那份执着，我们才能够在人生的路上看到终点，也才能实现自己的目标。反之，如果我们在自己的人生路上不能够坚持下去，不能够保持着求索的那份执着，而是在中途放弃，那么我们可能永远都到不了自己的终点，我们也一直只能在遗憾的岁月里度过。所以，不管在我们人生的旅途中遇到什么，不管在我们追求探索的途中有多少困难与险阻，都应该坚持下去，都应该执着地朝着自己的梦想奋进，只有这样我们才有可能在自己的人生中看到希望，才能够追寻到最美丽的风景。

他是一位匈牙利木材商的儿子，由于从小生得呆笨，人们都喊他"木头"。12岁时，他做了一个梦，梦到有个国王给他颁奖，因为他写的字被诺贝尔看上了。当时，他很想把这个梦告诉谁，只因怕人嘲笑，最后只告诉了妈妈。

妈妈说，假若这真是你的梦，你就有出息了！我曾听说，当上帝把一个美好的梦想放在谁心中时，他是真心想帮助谁完成的。男孩信以为真。从此他真的喜欢上了写作。

"倘若我经得起考验，上帝会来帮助我的！"他怀着这份信念开始了他的写作生涯。

三年过去了，上帝没有来；又三年过去了，上帝还是没有来。就在他期盼上帝前来帮助他的时候，希特勒的部队先来了。他作为犹太人，被送进了集中营。

在那里，六百万人失去了生命，他活了下来。1965 年，他终于写出他的第一部小说《无法选择的命运》；1975 年，他又写出他的第二部小说《退稿》；接着他又写出一系列的作品。

就在他不再关心上帝是否会帮助他时，瑞典皇家文学院宣布：把 2002 年的诺贝尔文学奖授予匈牙利作家凯尔泰斯·伊姆雷。他听到后，大吃一惊，因为这正是他的名字。

当人们让这位名不见经传的作家谈谈获奖的感受时，他说："没有什么感受！我只知，当你说'我就喜欢做这件事，多困难我都不在乎'，这时，上帝会抽出身来帮助你。"

因为一个奇怪的梦，因为喜欢自己所做的事情，因为有着自己的目标，因为能够在追逐的路上不断地去探索，不断地去追求，所以他才能够获得成功，才能够在那么多的困难面前显得不在乎，所以才能够在坚持不懈的努力中得到上帝的眷顾。这就是故事中凯尔泰斯·伊姆雷的成功之路。可能比起他来我们很少有人会因为自己一个莫名其妙的梦境去设定一个目标，也很少会有人因为那个似乎不可能的梦去不断地坚持与追逐，用自己坚韧的脚步去走那条路，当然也就是我们的这些很少，才让很多的成功与我们擦肩而过。

其实在我们的人生中有很多的人总是抱怨自己的路有多么的难走，也有很多的人总是想着放弃自己所选择的路，并且有很多的人对于自己的方向一直都处于一种模糊的状态，有时候连自己想要什么都不知道。其实这都是导致我们与成功擦肩而过的原

因,如果我们能够找到这些原因,并且能够用心去改正,那么我们的人生可能就会是另一番模样,因为人生需要我们不断地求索,需要我们执着于自己的梦想。

始终保持着求索的那份执着,始终朝着自己所定的目标以及梦想努力,那么我们就需要不断地磨炼自己的韧性,不断地在苦难以及挫折面前坚持,把那些生命中的苦难以及挫折当作是生命中的一份礼物,然后用自己的坚强不屈,用自己的毅力以及韧性去征服自己的命运,去把那份礼物变成属于自己的东西。只有这样,我们才有可能让自己的脚下走出一条更为阔远的道路,也才能够把所有的梦想变为现实。

心灵絮语

人生需要我们设定属于自己的目标,需要我们拥有自己的梦想,并且为了自己的目标以及梦想不断地努力,不断地坚持奋斗,保持求索的执着。只有这样我们才能够克服挡在我们梦想前面的困难,才能够让自己脚下的路变得越来越开阔。

用心灵的小宇宙温暖自己

每个人的心灵里面都有着一个小宇宙，只要我们能够打开心灵的枷锁，能够将自己的心从黑暗中解放出来，那么不管遇到怎样的挫折与磨难，我们都可以让心灵的小宇宙温暖自己，也能够让它所散发的阳光带给自己无限的希望，当然我们的人生也就不会一片冰冷。

有时候走在这个繁华的世界，生存在这个充满着喧闹的社会，我们的心需要一点点的安宁，也需要一点点的温暖。我们要学会自己温暖自己。

其实每个人的心灵都是一个小小的宇宙，在这个宇宙中包含着巨大的能量，如果我们能够适当地发挥，那么不管外界有多么的寒冷，我们都能够让自己温暖起来，让自己的日子幸福起来。

那么究竟怎样才能发挥我们心灵的小宇宙的能量呢？这就需要我们给自己的心灵燃起一团永远都不会熄灭的希望之火，就像是巴金所说的："只有一点微弱的灯光，就是那一点仿佛随时都会被黑暗扑灭的灯光也可以鼓舞我多走一段长长的路。"我们需要给自己的内心点起那么一点灯光，让我们不管是面对沧海横流

还是风雨如晦，不管我们前途渺茫还是在旅途中失意失望的时候，都给我们的心灵指引，都能够让我们逃离黑暗与冰冷，都能够让我们逆流而上，直到人生的彼岸。

她从小就很努力，可命运总是跟她开玩笑。

为了能读书，她6岁起就开始帮父母干活。到了卖柑橘的季节，她常常凌晨两三点钟就得起床，走十多里的山路，帮母亲把柑橘背到街上，然后再赶到学校上课。即使这样，她初中时还是被迫辍学了，因为家里还是供不起她念书。母亲说，我的这个娃儿几乎是饿大的，不是喂大的，命苦。

为了改变命运，她做过建筑工人，摆过地摊，卖过小火锅，承包荒山种苦竹，养鸡，养猪……她尝试过几十个项目，但都以失败告终，连她自己也记不清到底经历过多少次失败。

"一定不能倒下，一定要站起来。"每次失败，她都这样鼓励自己。

直到有一天，一个偶然的机会，她吃到了一种口感特别的蔬菜，这让她预感到她的命运有了转机。那是她的家乡四川宜宾极为常见的一种蔬菜，叫大头菜，是芥菜的一种。不过她吃到的是一个叫陈家华的朋友用祖传的手艺腌制的，味道非常独特，兼具麻辣咸香脆的特点，但又不像传统的腌制大头菜那么咸，甚至可以当零食吃。她想，如果能把它开发成产品，一定会有很多人像自己一样喜欢吃。她向陈家华提出了合作开发大头菜的想法，没想到对方一点商量的余地都不给，一口就回绝了。原来陈家的手艺是祖传的，陈家祖上有规矩，腌制大头菜的独门绝技都是直线单传的，即使没有孩子也不允许外传。

这样的拒绝，并没有让她灰心丧气，因为她早已历经失败的磨砺，不会轻易地回头。她频繁地去陈家，却没有死缠烂打地天天讲合作的事，而只是帮忙做些家务，闲扯聊天。时间长了，她与陈家人越来越亲近。终于有一天，陈家人被她的诚意所打动，同意合作办一个大头菜加工厂。初战告捷，她很兴奋，立刻用东拼西凑的4万元购进了7吨大头菜，就在她的家里开始了把大头菜做成产品的实验。

她为了试验如何能够更好地制作腌菜不断地进行了多次尝试，在尝试中她一次又一次地失败了，并且每次都是血本无归，并且还背负了一身的债务，但是她还是没有妥协，一直撑着直到试验成功。试验成功以后她还是靠借债买了10吨大头菜，想要真正地开始自己的创业，但是令人遗憾的事情又发生在了她的命运中。

2007年3月，持续降雨引发的大水突袭了她的工厂，10吨快要腌制好的大头菜全部被水淹没。几天后，大水退去，留给她的是一片狼藉。所有被水浸泡的大头菜不得不扔掉，成车的菜被拉了出去，她的心也跟着碎了，此时的她已经身无分文，还欠下了一屁股债。回到家，看见年迈的父母，她无言以对。

她不怕吃苦、执着追求的精神赢得了合作伙伴的信任，这次陈家华的家人伸出了援手。在历尽艰辛之后，2008年年初，她的大头菜产品终于问世了。短短几年间，公司的销售收入就达到了2500万元。

她就是宜宾市华锐食品有限公司的董事长施正琴。她曾这样说："机会对每一个人都是一样的，失败并不可怕，可怕的是，倒下去，就不想起来。"

虽然命运在不断地跟施正琴开着玩笑，虽然她的人生中到处都是坎坷与磨难，但是她没有妥协，她有自己的能量之源，只要一遇到困难，一遇到打击，她心灵中的那个小宇宙就会散发出最温暖的光芒，会温暖她的身心，也会照亮她的人生之路，当然也是因为她点着了自己心灵的灯火，所以才会一步步地走向成功。

点起自己心灵的灯火，需要我们给予自己自信，需要我们在看到自己的缺陷的时候尽力去弥补而不是萎靡不振，需要我们拥有在遇到困难的时候依旧可以迎难而上的那份勇气，也需要我们在濒临绝望的时候依旧不放弃一点点希望的乐观与豁达，等等。只要在我们的人生中拥有了这些，那么我们一定能够打开自己心灵的枷锁，在任何时候都能够让心灵散发的能量温暖自己的身心，温暖自己前进的道路。

心灵絮语

前行的道路不时地会有泥泞，也会有沼泽，当然有时候也会陷入一片冰冷，所以我们需要给自己的心灵点着一盏灯火，让自己在孤寂难过的时候依旧怀有希望，让自己在想要放弃的时候依旧选择坚持，在失败了之后依旧可以再次站立。

用爱好装点自己的生活

　　每个人都有自己的爱好，每个人也都有自己想要去做的事情，如果在我们的生命中，我们能够用爱好装点自己的生活，那么生命的旅途一定会是满路的芬芳。因为对于喜欢的东西，对于喜欢去做的事情，我们总能够在充满兴趣的行动中完成。

　　虽然我们生活在同一个星球之上，虽然我们呼吸着一样的空气，但是我们每个人却有着自己独特的性格并且也有着不同的爱好。就像是有些人喜欢工作，喜欢每时每刻都将自己埋头于工作之中，因为只有这样他们才觉得有无限的自豪感和无尽的满足感，这样的生活才让他们觉得充实；有些人喜欢逛街，他们喜欢逛完整个城市的角角落落，并且还意犹未尽地去别的国家，因为只有不断地逛街他们才觉得能够发现生命中的惊喜；而有些人喜欢聊天，因为在聊天的时候他们可以尽情地发泄，将生活的快乐与悲伤一股脑地倒出来；当然也有些人喜欢一个人静坐，在静坐中他们可以不断地回味人生，也可以体味平淡的幸福……总之，这都是个人爱好，与其他无关。在这些爱好中他们在不断地充实着自己的人生，当然也在装点着自己的生活。

用爱好去充实自己的人生，用爱好去装点自己的生活，这样我们会在兴趣与感动中让自己的生命不断地前行。就像是我们喜欢旅行，那么可以专门用一段时间去旅行，去到自己想要去的地方，或者是携伴，或者是孤身一人。在这段时间里面抛开自己的工作，抛开生活中所有的不如意，只带着一颗旅行的心去做自己喜爱的事情，去享受人生，这样我们会感受到生命无限的乐趣；当然我们喜欢绘画或者是读书，那么我们也可以将绘画或者是读书当作是自己的休闲娱乐，在工作之余，在闲下来的时候读一本书，画一幅画，感受一下书香给我们带来的轻快感受，也让我们的心在那些墨香之中享受宁静……这些爱好有时候就像是营养品一样，会给我们的身心不断滋养，也会让我们的心在烦躁与喧闹中获得一丝宁静，会让我们因为疲惫不堪的心得到暂时的休憩。

在广西一个与世隔绝的山区，没有电话、没有公路、没有学校，有一个年轻人他来到此处是为了自己的教育实验，与其说是实验，不如说是兴趣。因为只有兴趣才有这样的力量：他在当地租了一间房，月租10元，开始了没有工资的教师生活。他邀请了当地的十几位青年女子作为学生，她们中只有一个上过小学一年级，其余都没有接受过任何教育，所以她们甚至不会说普通话。在那里有这样一个令人震惊的场景，一个白皮肤黄头发的外国人教一群中国人说"a、o、e、i、u、ü"。课堂上没有课本，老师让学生们自己口述一天的生活，然后写下来作为临时的课本，并且这些都是她们熟悉的事情，所以对于学生来说就很容易掌握。

不仅如此，他还有自己独特的教育模式，就是让她们自己动手去改变周遭的环境，这是一个循序渐进的过程。开始，他教她们用纸制作房子的简单模型，摆出村子的布局，然后画出它们的具体位置，这样就制作出了她们有生以来的第一幅地图。后来，村子里要修桥，村民们请他出主意，虽然他拿不出钱，但他开始了制作模型的实验。学生对于这种实验感到怀疑，所以一度没来上他的课，后来渐渐来了几个学生和他一起做实验，再后来他们的实验模型建成。他的哥哥为之感动而赞助了 2000 元钱，他们的桥也建成了。

他现在开始教孩子们了。教他们观察身边的动植物，也教他们动手去改变，比如建一个水坝蓄水作为游泳池。他们一起在水里实验如何加强阻力，差不多的时候，他就偷偷地买来材料。第一天，他和村民帮助孩子们建坝。第二天，只有孩子们自己动手，涂水泥、砌砖、建水坝。

因为要记录和传播他的教育实验，他需要离开村子几周，村民们都来送他，担心他不回来了。他说："这是我的兴趣，我怎么会离开这里呢？"因为是兴趣所在，因为是别人不做的事情，所以他能感到自己的价值。

因为是自己的兴趣，因为是自己的爱好所在，所以不管多么艰苦的条件，不管是多少人不愿意去做的事情，他还是做得津津有味，因为他用自己的爱好在装点着自己的生活，也在用自己的爱好装饰着自己的生命。其实在我们的生活中也可以像故事中的

"他"一样，不管我们的生活多么的艰难，不管在平时的工作中我们承受了多大的压力，有多少让我们抱怨或者是心里委屈的事情，但是如果我们能够找到自己的一个爱好，然后在闲下来的时候，或者是在其他一些时间里沉浸在自己的爱好里面，去做自己想做的事情，那么我们也会忘记生活的烦恼，并且也会在自己的爱好中找寻到自己人生的价值。

生活在于我们的装扮，如果装扮得好那么我们的身心也会舒畅，如果装扮得不好，那么我们也只能在不好的环境中生活，并且让自己的身心疲惫。而爱好作为我们内心最真实的回应，如果我们能够用自己的爱好去装点自己的生活，那么生活中的那些不如意也会因为我们的装点而变得无足轻重，而真正充斥我们生命的将会是美好与和谐。

心灵絮语

爱好就像是上帝给我们每个人的奖赏一样，可以让我们找寻到快乐并且找寻到属于自己人生的意义。所以用爱好装点自己的生活，用爱好充实自己的生命，那么可能生活中的那些不如意，生命中的那些疲惫都会因为爱好的修饰而烟消云散。

有时回过头就摆脱了困境

有时候，在一条充满艰险的路上走了很久还是到不了头，所以就想要去放弃，想要退缩，可是有时候并不是我们走的那条路没有尽头，只是在前进的途中忘记了回头，忘记了回头看看自己所走的路，当然也就错过了一些机会。因为很多时候，在人生中当我们陷入困境无路可走时，可能一回头就看到了希望，摆脱了困境，人生就是这样。

希望在哪里？什么时候才能够摆脱厄运？我们经常会这样想，也会经常这样问自己，特别是当我们感觉到疲惫，感觉到前途渺茫心灰意冷的时候，我们就会不断地问自己，其实也在不断地问自己的命运。但是不管怎样去询问，对我们的人生也没有任何的帮助，对我们眼前的困难也没有任何的改变，因为困难就是困难，那些厄运就是厄运，不会因为我们的抱怨或者是我们的询问而消失无踪。

可能在陷入困境的时候我们在不断地挣扎，也在不断地努力向前走，就想着可能过了这座高山前面就会是大海，就是我们的目的地。但是有时候当我们越过这座大山的时候，后面看到的并

不是大海，也不是我们想要达到的目的地，而是另一座高山，这时候我们会沮丧，但是还是要倔强地向前走，还是要倔强地想要与这样的命运反抗，直到自己碰得头破血流，但是还是没有一点想要妥协的意思，并且也一直都在高山中徘徊。其实很多时候命运都是一个诡异的东西，如果我们一直想要反抗，那么它就越会给我们出难题，越让我们的路变得难走，而相反，有时候的妥协，有时候的回头却有可能让我们看到另外的希望。

所以，在人生中我们要学会适时地回头，而不是一个劲地向前冲，在生活中我们也要学会适时地忍让，而不是抱怨与那些没有任何意义的报复，因为那些回头那些忍让都是在给自己更多的机会，也是给自己一个优雅的转身的理由，有时候更是让我们认清形势、不断地向上攀登的力量。并且在我们的生命中只要我们懂得这些回头，懂得这些忍让，可能我们的道路会越走越宽，路途中的那些障碍也会自觉地消失。

林清是一个很优秀很用功很努力的女孩，在 2009 年进入了这家公司后，她的事业可以说是一帆风顺，虽然时不时地有点磕磕碰碰，但总是无伤大雅。就在她以为这样的生活会一直持续下去的时候，生活却跟她开了一个大大的玩笑。在一次公司与别的一家合作公司开办的联欢舞会上，由于美貌与智慧招来别人忌妒的她，在这场隆重的舞会上出了一次大大的糗。

在舞会中，同事小敏故意踩了一下林清拖曳在地上的长裙，并且将手里拿着的红酒顺势倒在了林清白色的长裙上。在没有防备的情况下，林清摔倒了，而且在那么多人面前，那么狼狈，这对平时总是没有一丝差错、一丝狼狈的她来说，可谓是猝不及防。她茫然地看着围在自己身边的人，有嘲笑，有不解，也有玩弄。在她看向小敏的时候她懂了，那双满是嘲笑与忌妒的眼睛此刻分外的扎眼。她突然笑了笑，然后拿起包包，取出纸巾，在自己的裙子上擦了擦，谁也看不到她的表情，只有她自己知道，一滴眼泪不争气地流在了裙子上，然后快速地蒸发了，在印着红酒的衣服上没有留下一点痕迹。她曾对自己说过，不论发生什么，她都要回头看一下自己走的路，都要去了解一下自己为什么会是现在的状态。回头看这些并不是想要让自己哀伤，对于那些哀伤她只要一分钟的时间来整理心情，过了一分钟，她就要微笑着面对生活。所以她爬起来了，异常优雅，没有半点愤怒。

她并没有因为上次的事而怨恨小敏去实施报复，而是在工作中更加上进、更加小心地处理人际关系。由于工作优异并且获得同事的一致好评，半年后她被升任为部门经理，成为小敏的上司。从此，她的事业蒸蒸日上。

如果林清在那次舞会中由于愤怒做出一些不适当的行为，或者是在以后的工作中由于怨恨而去伺机报复，那么林清可能就不会有以后的成就，也不会在自己的事业中、人生中走得那么的顺畅。可能在我们的人生中也会发生这样的事情，会因为一些人的陷害而身处困境，会因为一些外界的因素在人生的路上徘徊，或者是在路途中狠狠地摔倒，如果这时候我们只是感觉别人的不可

理喻或者是抱怨命运的不公,而不去看自己走的那条路,而不留给自己一分钟的思考,那么我们就很可能会陷入那些困境以及阻碍中不能够自拔,并且也有可能我们会在那些嘲笑或者是困境中迷失方向。但是,如果我们回过头看看自己所走的路,停留一分钟去思考自己所处的环境,那么可能我们就会摆脱困境,看到希望。

回过头看一下自己所走的路,如果我们陷入了困境,前面无路可走的时候;回过头看一下自己所走的路,如果我们感觉不到任何的希望,身心都充满绝望的时候;回过头看一下自己所走的路,如果我们的心在没有尽头的磨难中反复沉沦的时候。因为,可能我们回过头时就会看到不一样的风景,可能就会发现希望,发现转机,也有可能我们会在回过头的时候摆脱人生的困境,从此与厄运说拜拜。因为命运就是如此奇妙的一个东西,不一定我们执着向前就能够达到愿望,也不一定我们的坚定不移就能够让梦想成为现实,因为很多时候需要我们的变通,很多时候需要我们回头看自己所走的路,很多时候需要我们在路途中不断地审视自己所走的路,不断地去纠正自己的路线,只有这样我们才能够顺利地到达目的地,跟成功一起起航。

心灵帮语

遇到了困境,出现了困难,在无路可走的时候并不是一定需要我们的坚定不移,一定需要我们的执着向前,因为有时候人生需要停留一下，需要我们回过头看一下自己所走的路。因为有时候困境的摆脱，有时候厄运的逃离，只需要我们的一次回头、一次转身。走过的路上不一定没有转机。

眼界是成功的翅膀，高度决定视野的辽阔

每个人都有着自己独特的眼光，也有着自己不同于别人的视野，但是也就是这个独特的眼光与不同的视野让每个人有了不一样的人生。通常在我们的生命中眼界是成功的翅膀，而高度则决定我们视野的辽阔，如果在我们的生命中拥有较高的眼界与开阔的视野，那么成功也会不期而至。

记得有人说过，老鼠的眼睛只能够看见它鼻子前方不过一寸的地方；老鹰翱翔于天际，它们的眼睛就算是方圆数十里之内的狼奔鹿行都能被它们看得清清楚楚；而老虎的眼睛，则可以看到几百米之外的兔子或者是别的在外觅食的小动物。它们眼界的大小，决定了它们世界的大小。就像是老鼠一样，它们的世界只能是那眼前一寸多的地方，当然它们所走的路也只能在那一寸的基础上进行；而老鹰它们的世界注定是在天际中遨游，它们的世界很开阔，当然所要走的路也可以自己随意地选择；而老虎的世

界，它们由于可以看到几百米的地方，所以相对于老鼠来说它们所要走的路要开阔一点。这就是它们所要走的路，在一定的程度上也可以称作是它们可以达到的成就，它们的路它们的成就都是由它们的眼界的大小、它们所站的高度决定的。

其实我们人也是一样，一个人能不能够在自己的一生中有所成就，那些成就是大是小都跟他们眼中的世界以及他们视野的辽阔与否有着很大的关系。因为这个世界的大小不是我们可以衡量的，人的成就的多少也不是我们随便就可以去估摸的，我们能做的只是不断地开阔自己的视野，不断地去扩大自己的眼界。就像是《红顶商人——胡雪岩》中所说的："如果你拥有一县的眼光，那你就可以做一县的生意；如果你拥有一省的眼光，那你就可以做一省的生意；如果你拥有天下的眼光，那你就可以做天下的生意。目光长远，才会拥有更多财富。"所以说，我们所拥有的财富的多少，我们所取得的成就的大小都跟我们的眼光有关，都与我们的眼界有关。只要我们拥有开阔的眼界，那么我们才能够将财富收归到自己的囊内，当然那些成功也能够进驻在我们的生命之中。

19 世纪中叶，加州发现了金矿，这个消息像长了翅膀一样迅速传遍世界各地。很多人认为这是一个千载难逢的发财良机，于是纷纷打点行囊，匆匆奔赴美国加州。

一个 17 岁的小农夫也加入了这支庞大的淘金队伍，他的名字叫菲利浦·亚默尔。谁都知道，淘金梦是美丽迷人的，但人人都想以此发财，就使得越来越多的人蜂拥而至。于是，加州的每一寸土地仿佛在一夜间就都被淘金者光顾了。在这种情况下，金子自然是越来越难淘，很多人甚至连金子是什么样子都没见过。

当亚默尔历尽艰辛赶到加州时，不但金子难淘，而且生活也越来越艰苦。当地气候异常干燥，几乎找不到水源，许多淘金人不但没有圆其致富梦，反而丧身此地。

经过一段时间的辛勤努力，亚默尔和大多数人一样，非但没有发现什么金子，反而几乎被饥渴夺去了生命。一天，筋疲力尽的亚默尔望着空空的水袋，喉头里像是着了火。人们对缺水的抱怨不绝于耳，这声音比对金子的诅咒更甚。

亚默尔就突发奇想：看来淘金子是不太现实了，要是在这里卖水肯定能大捞一把！说做就做，亚默尔毅然放弃自己的淘金计划，将手中挖金矿的工具当成了挖水渠的工具。不久，他就从远方将河水引入水池，用细沙过滤，成为干净清凉的饮用水。然后将水装进一个大桶里，挑到有淘金人的地方，一壶一壶地卖给他们。

同来的伙伴们就嘲笑亚默尔，说："真是没出息啊，我们不远万里地赶到这儿来，不就是想挖到金矿吗？你倒好，竟干起这种蝇头小利的小生意！"但亚默尔却不听劝阻，继续着他的小买卖。他并未因同伴的讥讽而沮丧，相反，他想：哪里有这样的好买卖啊？哪里有这样没有成本的商品啊？哪里有这样好的市场啊？

最后，大多数淘金者都空手而归，而亚默尔却在很短的时间

靠卖水赚到 6000 美元，这在当时是一笔非常可观的财富了，他成了一个小富翁。亚默尔后来用这笔钱做起了肥皂生意，由此踏上了成功之路。

故事中的亚默尔看到别人去淘金，自己也跟着去了，但是到了实际的现场他却发现想要靠淘金致富根本就是无稽之谈，因为在淘金的这个市场中已经有太多的人涌入，并且加之气候的干燥与恶劣让很多人丧生，于是通过观察他放弃了淘金而是改卖水。当然在他的这个决定中很多同伴都嘲笑亚默尔没出息，但是他知道在那个地方卖水会让他有一些不小的收获。事实证明他是正确的，在很多人空手而归的时候，亚默尔带了自己的第一笔财富回去，成为了小富翁，并且以后就用这些钱做生意，踏上了成功之路。

在同一个地方，怀着同一个目的出发，但是亚默尔却得到了截然相反的结果，在那个恶劣的地方他真的淘回了自己的第一桶金，这与他独特的眼光与辽阔的眼界是分不开的，在那个地方他看到的不仅仅是那个人人都在抢着的金矿，而是一个别人都没有发现的商机，所以他走向了成功。其实在我们的人生中也是这样，可能我们与别人拥有着一样的梦想，也拥有着一样的条件，碰到了一样的机遇，但是最后却有着截然不同的结果，其实这都不是命运的捉弄，只是我们的眼界没有成为我们成功的翅膀，我们的高度也没有使得我们的视野开阔，所以我们与别人有了差别。

所以，在我们的人生中要懂得将自己的眼光放得高一点，将自己的眼界看得开阔一点，并且要让自己的视野辽阔一些，只有这样我们才有可能达到自己的目的，才有可能带着梦想的翅膀去不断地飞翔，从而真正地拥抱成功。

　　在我们的生命中，一个人眼光的高低注注决定了他对一些事物的判断，当然也在一定程度上决定了那个人的命运。因为眼光高的人总能够有着高远的目标，并且他们的一生都会朝着自己的目标不断地奋斗，而眼光低的人则很多时候只顾眼前的利益，见识也浅陋，最终只能够庸庸碌碌，无闻一生。

追求生命中的美好元素

　　生命中总有那么一些东西，总有那么一些元素是美好的，如果我们能够追求到，能够蕴藏在我们的生命中，那么就能够陶冶我们的心情，丰富我们的生活，并且美化我们的生命。可以让我们在疲惫的时候洗去一身的尘土，会让我们在烦躁的时候给心灵注入一泉洁净的活水，从此享受安宁与平静。

　　人的一生都是在生活，但是很少会有人真正懂得生活。在我们的生命中有很多人都喜欢在应付中过日子，应付每天的生活，应付每天的工作，当然应付每天可能存在的人际关系。就像是每天早上都在不情愿中醒来，然后洗洗涮涮不情愿地去坐车或者开车上班，然后匆忙但又无趣地应对自己一天的工作；就像是每天都在教导着自己的孩子应该怎样学习，应该怎样做人，即使是说了千百遍但还是要一遍遍地重复，虽然连自己都觉得烦恼，但还是要那样去做；就像是和恋人去约会，早已经没有了当初的爱恋与激情澎湃，但是为了维持现有的关系还是不情愿地去买一束鲜花，然后象征性地带一点小礼物去约会地点，然后开始了逛街吃饭，等等。似乎所做的一切都是在迁就着别人，都是在不情愿地进行着行动，似乎生命中没有一点可以激起自己兴趣的东西，做什么事情也是那样的应付。

　　其实真正的生活不是这样的，即使我们已经习惯了这样那样的日子，但是在那些重复的日子中我们还是可以看到惊喜，并且在每天的生活中能够感受到生命的美好，当然想要做到这样的状态我们就必须要把握住自己的一颗心，保持着那颗能够不断发现美好追求美好的心。

　　就像是在每天我们在醒来的那一刹那，可以想一下又是美好的一天，在今天洗涮完毕之后，自己还是要斗志昂扬地去工作，因为今天又是可以用时间与精力去成就自己的一天；就像是在每天教导孩子的时候，我们要善于发现自己孩子的成长，比如在昨天的时候回忆一下自己教导孩子一些怎样的道理，再仔细观察他们有没有按照自己的要求去做，然后又在今天计划应该教导他们一些新的道理，这样的思考与行动会让我们在孩子的成长中感受到生命的惊喜，也能够感受到生活的美好；就像是在与恋人约会的时候，即使你们已经是谈了好几年的彼此熟知的恋人，虽然当初的激情澎湃已经被岁月消磨殆尽，但是你们还拥有那彼此熟知的心有灵犀，还有那流动在彼此之间的浓浓的情谊，只要你注意到了这些，那么在约会中自然会感受到美好的情谊，并且也能够在一次次的约会中重温当初的激情……这样的生活，这样不断地追求生命中的美好元素，会让我们原本枯燥无味的生活变得鲜活起来，也会让我们的心灵在生活中得到更好的安放。

在大约一百多年前，一位穷苦的牧羊人带着两个幼小的儿子以替别人放羊为生。

有一天，他们赶着羊来到了一个山坡上，一群大雁鸣叫着从他们的头顶飞过，并很快消失在了远方。牧羊人的小儿子问父亲："大雁这是要飞到哪里去啊？"牧羊人说："它们要去一个充满阳光的很温暖的地方，然后在那里安家，度过寒冷的冬天。"大儿子眨着眼睛羡慕地说："要是我也能像大雁那样飞起来就好了！"小儿子也说："要是能做一只会飞的大雁该多好啊！"牧羊人听到两个孩子的话，沉默了片刻，然后对两个儿子说："只要你们想，你们也能飞起来。"

两个儿子张开自己的手臂试了试，都没能飞起来，他们用怀

疑的眼神看着自己的父亲，牧羊人说："让我飞给你们看。"于是他张开了双臂，但是也没能飞起来。可是，牧羊人肯定地告诉两个儿子："我因为年纪大了才飞不起来的，你们现在还小，只要不断努力，将来就一定能飞起来，去想去的地方。"父亲的话给两个孩子幼小的心灵中种下了一颗希望的种子——一定能够飞起来！

两个儿子牢牢记住了父亲的话，并一直不断努力着，等他们终于长大了——哥哥36岁，弟弟32岁时——他们果然飞了起来，因为他们发明了世界上第一架飞机。这两个人就是美国著名的发明家莱特兄弟。

虽然生活困窘，虽然只是一个穷苦的牧羊人，但是当自己的孩子问到大雁要飞去何方的时候，牧羊人还是告诉自己的儿子大雁要飞向充满阳光的很温暖的地方，并且在儿子说想要像大雁一样飞翔的时候，牧羊人不是残忍地去打击自己孩子的想法，而是选择给自己的孩子心中种下一颗希望的种子——只要不断地努力，那么总有一天他们可以飞起来。牧羊人虽然身处窘迫的生活，但是他心中还是拥有着很多的美好，他也鼓励自己的孩子在长大之后去追逐生命中的那些美好，不要被现实的生活所困惑。当然牧羊人的鼓励也给自己的儿子带来了力量，也让他们一步一步走向了成功，实现了自己的梦想。

所以不管是怎样的生活，不管是怎样的人生，只要我们拥有一双发现美好的眼睛，在任何时候都能够追逐生命中的那些美好元素，那么就算是再困顿的生活，就算是再坎坷的命运，也能够在我们积极向上的态度中，也能够在我们不断追求美好的过程中变得美好起来，让我们的生命之旅充满芬芳。

生命中很多时候并不是没有美好的存在，只是我们没有去发现，也没有去追逐。所以，想要自己的生活变得美好，想要真正地拥抱生命，那么就要懂得带着一双善于发现的眼睛去看这个世界，要懂得用一颗积极向上的心去追逐生命的那些美好，从而绿化自己的生活，修饰自己的生命。

让不幸定格在心灵的一角

不幸有时候就像是一个不懂事的孩子，总是在我们的生命中不断地进行顽皮捣蛋，很多时候也让我们无所适从。但是不幸有时候也是一种财富，只要我们懂得将自己生命中的不幸定格在心灵的一角，有勇气去跨越它，坚强地面对生命中的种种，那么不幸也可以成就我们，让我们的人生之路走得更加顺畅。

　　有人说人来到这个世界上就是为了受苦，在我们刚出生的时候命运就已经安排好了我们今后要走的路，就已经在我们以后的途中设置好了障碍，也已经算计好了我们这一生的得失。所以，困难与不幸是我们每个人都需要承受的，也是我们每个人都不可逃脱的命运。很多时候我们都无从选择，只能够勇敢面对。

　　面对生命中的不幸，有的人会变得更加的坚强，他们会将那些不幸定格在自己心灵的一角，而不是拿出来时时晾晒，也不是让无休止的抱怨充斥自己的生命；而有的人则是在不幸面前萎靡不振，要么他们抱怨命运的不公，要么在不幸的泥潭中深陷无法自拔。当然也是由于对不幸如此不同的两种态度，每个人的生命也截然不同，有的人在不幸的磨难中成就了人生，有的人则在不幸的打击中接受失败。

　　其实生命中的那些不幸只是对我们的一种考验，如果我们能够在不幸中坚强，那么不幸就会变成一块石头，可以不断地磨砺我们；如果我们能够在不幸中克服懦弱，那么不幸就是一柄利刃，能够刺穿我们的懦弱，让我们拥有勇气；当然如果能在不幸中站立，那么不幸就是一片沼泽，可以让我们的横穿能力得到很好的锻炼……总之，不幸虽然给我们带来了很多的苦痛与磨难，但是同时它也带给了我们无限的财富，让我们在人生的路上更加坚强地行走，当然也让我们在一次次的站立中收获成功。

他出生在意大利的一个农民家庭，父亲每天冒险骑马登上高高的雪山，采下大块冰，运到城里卖给富家大户，挣得几个小钱，维持一家人的生活。在他上小学甚至是中学时，他常被同学恶意嘲谑为"窝囊废"，这些中伤的话严重地刺伤了一颗少年的心。所以，从小他就体会到贫穷带来的艰难与屈辱。

在中学阶段的后期，他曾参加过校内戏剧演出，从那时起，他就对舞台产生了兴趣。他梦想自己将来能成为一名出色的舞蹈演员，在舞台上尽情展示舞姿。为此，16岁那年，他毅然做出了一个大胆的决定——退学，一个人独自跑到当时的大都市巴黎，希望自己能在这个时尚大舞台上用脚尖旋转出精彩人生。

可是，这座高傲的城市根本不屑瞟这个穷小子一眼，别说学习舞蹈的高昂学费了，就连满足生活的基本需求都成了问题。他没有别的特长，只有从小跟着父母学到的一点裁缝技术。凭着这点手艺，他在一家裁缝店找到了一份每天要做10多个小时的工作。就这样做了几个月，他的心情越来越低落、颓废。他不知道自己在这个裁缝店要干多久，不知道自己什么时候才能登上梦中的舞台。他苦闷自己的理想无法实现，他认为与其这样痛苦地活着，还不如早早结束自己的生命。

就在他准备自杀的当晚，他突然想起了自己从小就崇拜的有着"芭蕾音乐之父"美誉的布德里，他决定给布德里写一封信，讲述自己的梦想遭现实阻挠无法实现的困惑。在信的最后，他写道，如果布德里不肯收他这个学生，他便只好为艺术献身跳河自尽了。很快，他便收到了布德里的回信。信中，布德里并没提收

他做学生的事，而是讲了他自己的人生经历。布德里说他小时候很想当科学家，也想当飞行员，还想成为一名牧师，但因为家境贫穷父母无法送他上学，他只得跟一个街头艺人过起了卖唱的生活……最后，他说，人生在世，现实与梦想总是有一定的距离，在梦想与现实生活中，人首先要选择生存，一个连自己的生命都不珍惜的人，是不配谈艺术的……

布德里的回信让他幡然省悟。后来，他努力学习缝纫技术，并应聘于一家名叫"帕坎"的时装店。凭着勤奋和聪慧，他的服装设计技术提高得很快。为了进一步开阔视野，他又投奔由著名时装设计大师迪奥尔开设的"新貌"时装店。在这里，他增长了见识，积累了领导时装潮流的设计心得和体会，他的设计水平也得到了提高。这一年，著名艺术家让·科托克拍摄先锋影片《美女与野兽》，邀请他设计服装。他为法国著名演员让·马雷设计了 12 套服装。影片公映后，他设计的服装惊动了巴黎，美誉如潮。那年，他 23 岁，在巴黎开始了自己的时装事业，建立了自己的公司和服装品牌。他追求独特的个性，大胆突破，设计了时代感非常强烈的"p"字牌服装，赢得了挑剔的巴黎顾客的青睐。演艺界名流、社会上层人士、达官贵人等争相慕名前来订制服装。他就是皮尔·卡丹。

在他的路途中从小就有着贫困与嘲笑的困扰。而当他心怀着梦想出发以后，在路途中也遇到了各种各样的困难与挫折。当面对命运的折磨与那么多的不幸，他想要结束自己的生命，但是这所有的一切都在布德里的一封回信中得到了改变，他深刻地明白了人生，也明白了应该如何生存下去。此后，他将自己命运中所有的不幸都定格在了心灵的一个角落。面对泥泞的道路，面对所有的坎坷，他都迎难而上，最终战胜了自己，战胜了命运，赢得了生命中的成功，他就是我们所熟知的皮尔·卡丹。

其实我们也可以像皮尔·卡丹一样，虽然在前进的道路上遇到了很多的不幸，也曾经抱怨命运在跟我们存心作对，但是不管何时我们都可以坚强地面对，可以不断地为自己的梦想努力，那么总有一天我们也会在不幸中看到机遇，在不幸中收获自己的成功。

心灵絮语

生命有时候就像是一条奔向远方的溪流一样，而不幸则像是一处断崖，在这个时候我们没有任何的退路，只有选择前进，当然在我们克服惧怕克服所有的困难的时候，生命就会在我们的坚强与勇敢中成为一泻而下的美丽瀑布，我们从而赢得生命中的精彩。

努力把握生命中的分分秒秒

生命是由一分一秒组成的，所以想要珍惜自己的生命，我们就要懂得去努力把握生命中的分分秒秒，让每一分钟每一秒钟的时间都不要被浪费掉。就像有句话说的，把握了人生的分分秒秒，也就把握了人生的风风雨雨，只有这样我们才能够更好攀上成功的阶梯。

有时候总觉得自己年轻，总觉得自己有大把大把的时间去挥霍，可是年轻的我们却不知道，最不能挥霍的并不是金钱也不是别的什么东西，而是那宝贵的时间，是那生命中的每分每秒。就像是有人说的，时间如匆匆而去的流水一样，永远都不会再来，人不能够同时踏进一条河流，人也不可能在生命中拥有相同的时间。即使在一些时间里面我们所看到的景物一样，我们所处的境遇一样，我们的心情也是一样，但是不同的是我们所在的时间完全不同。因为时间过去了就是过去了，就算我们有多么地想追回也是于事无补，所以我们要懂得去把握生命中的分分秒秒，珍惜时间。

记得鲁迅先生曾经说过："浪费自己的时间等于慢性自杀，

浪费别人的时间等于谋财害命。"如果在我们的生命中我们还在浪费着自己的时间，我们还是用大把大把的时间去挥霍，去无所事事，那么我们就要想一想，这样的生命我们追求的究竟是什么，在那些无休止的浪费中我们得到的又是什么。如果我们得到的只是空虚，得到的只是岁月无情的印迹，那么我们就应该停下如此的脚步，不要再浪费自己的生命，也不要再用如此的方式去自杀。当然在我们的生命中也不要去浪费别人的时间，就像是在我们无所事事的时候总想着去找自己的朋友玩乐，即使那个朋友并不是很愿意，但我们还是要去强求，那么我们这样的行为也是在谋财害命。因为时间对于每个人来说都是珍贵无比的，有时候一分一秒的时间也足以让他们改变自己的命运。

也就是说，改变自己的命运、把握自己的人生并不需要我们去筹划什么惊天动地的大事，也不需要我们去做什么千辛万苦的事情，但是我们必须保证一点，那就是把握自己生命中的分分秒秒，将每一分钟的时间都能够得到很好的利用。只有这样，我们才能够扼住命运的喉咙，才能在不断地努力中赢得生命中的辉煌。

爱迪生从小就对很多事物感到好奇，而且喜欢亲自去试验一下，直到明白了其中的道理为止。长大以后，他就根据自己这方面的兴趣，一心一意做研究和发明的工作。他在新泽西州建立了一个实验室，一生共发明了电灯、电报机、留声机、电影机、磁力析矿机、压碎机等总计两千余种东西。爱迪生的强烈研究精

神，使他对改进人类的生活方式作出了重大的贡献。当然在他成功的路途上有很多的人生格言指引着他一步步地走向成功，其中对于时间的把握也是一个重要的方面。

"浪费，最大的浪费莫过于浪费时间了。"爱迪生常对助手说。"人生太短暂了，要多想办法，用极少的时间办更多的事情。"这是爱迪生对于自己时间把握的定位。一天，爱迪生在实验室里工作，他递给助手一个没上灯口的空玻璃灯泡，说："你量量灯泡的容量。"他又低头工作了。

过了好半天，他问："容量多少？"他没听见回答，转头看见助手拿着软尺在测量灯泡的周长、斜度，并拿了测得的数字伏在桌上计算。他说："时间，时间，怎么费那么多的时间呢？"爱迪生走过来，拿起那个空灯泡，向里面斟满了水，交给助手，说："里面的水倒在量杯里，马上告诉我它的容量。"助手立刻读出了数字。

爱迪生说："这是多么容易的测量方法啊，它又准确又节省时间，你怎么想不到呢？还去算，那岂不是白白地浪费时间吗？"助手的脸红了。爱迪生喃喃地说："人生太短暂了，太短暂了，要节省时间，多做事情啊！"

人生太过短暂，我们需要节省时间去做更多的事情，这是爱迪生对于自己助手的劝告，当然也是他对自己生命的态度，当然也就是他这种能够把握生命中的分分秒秒的态度让他在短短的一生中发明了两千多种东西，也为人类的社会进步作出了巨大的贡献。

其实，时间不管是对于爱迪生还是对于我们都是异常重要的，并且在我们的生命中也应该时刻铭记时间就是生命，时间就是效率，如果我们充分地理解了时间与效率的重要性，那么也能够在自己平凡的人生中创造出辉煌，我们也能够拥有最美好的人生。因为只要把握住了时间，把握住了生命中的分分秒秒，那么我们就可以用那些时间去解决生命中的问题，也可以用那些时间去做自己喜欢做的事情，去完成自己的梦想，去达成自己的目标。

生命对于我们每个人都只有一次，时间在我们的生命中也只有那么短暂的一瞬，如果我们只是挥霍只是浪费，那么在短暂的生命中我们将会一无所获，并且只留下遗憾与空虚。所以，学会把握自己的命运就要学会把握生命中的分分秒秒，用这些分分秒秒创造人生最大的价值。

心灵絮语

时间经不住我们的浪费，不管是在我们的生命中遭遇失败还是遭遇挫折，我们都不能够将自己的时间浪费在颓废与担忧之中，而是应该懂得扼住命运的喉咙，珍惜生命中的每分每秒，然后紧紧地握在自己的手中，让生命中的每一秒都能够得到最好的利用。

第八章　唱响生命的永恒旋律

生命之于我们就像是一首跌宕起伏绵延悠长的旋律，总有着低潮的哀怨低沉，也有着高潮的激情澎湃，有着起音时候的惊喜与美好，也有着结尾时候的意犹未尽与曲终人散。但是，不管是什么样的弹奏都是生命中的美好，都是我们所拥有的生命的旋律，都值得我们去珍惜，都需要我们去用心倾听，用心弹奏。因为人生很多时候一转身就是一辈子，我们没有那么多的机会去懊恼、去哀怨，我们能做的就是珍惜现今的美好，活在当下，用一颗勇敢却又雀跃的心走完属于自己的人生旅程。

珍惜美好时光，活在当下

很多时候我们都以为自己明白了珍惜的含义，也懂得真正的生活，于是就在人生行走的旅途中频频地回首，想着去爱惜这个、珍惜那个。也有时候我们竭尽全力地去远眺，将自己所有的精力都集中在未来之上，可是随着时间的流逝，一切都成了一场空。其实这都是命运的声音，当然这个声音也在反复地告诉我们：珍惜美好的时光，活在当下。

人生只是一个短暂的旅程，如果我们只是一味地忽略自己现今拥有的幸福，忽略现在所拥有的美好时光，将自己的眼睛放在了太远的地方，将自己的心也放在了太远的地方，那么对于现今的美好，对于自己所拥有的时光只能是一种浪费。并且我们也会因为无法把握现在而丧失太多的机遇，很多时候与成功擦肩而过，只是将自己的时间浪费在那些幻想以及对过去的缅怀与抱怨上，从而让生命在痛苦与煎熬中沉沦。所以，人生需要我们珍惜现有的美好时光，需要我们活在当下，需要我们把握现今，只有这样我们的人生才不会虚度，我们也才能够真正地领略生命中的风光。

有一位善于解决人生困境的老师，身边聚集了许多慕名而来的弟子。这些追随的弟子每次有什么疑问来问老师，他总是说："要活在当下呀！"但是，活在当下是多么简单的答案，这个答案无法满足弟子的要求，他们总是恳求老师给一个更深奥和更详尽的解答。这时候，老师就会面有难色地说："好吧！既然如此，等我查一查古代的圣贤是怎么说的，明天再告诉你。对于这么深奥的问题，他们一定有很好的答案呀！"原来，老师有一本大书，记载了古代圣贤最重要的智慧，锁在书房最高的柜子里。由于这

本书是如此珍贵，他严禁任何弟子靠近。

第二天，等老师翻过那本大书，弟子就会得到一个充满智慧的答案。可是，如果有了新的问题，老师又说："要活在当下呀！"弟子不满意的时候，老师会再一次翻阅大书，说出一个充满智慧的解答。这样一而再、再而三，一年一年地过去，日子久了，弟子开始对老师起了质疑："老师只懂得一句活在当下，这是任何人都知道的事呀！不像古圣先贤，真的充满了智慧。"

一个弟子说："老师自己并没有什么智慧，他只知道活在当下！另一个弟子说："老师的智慧和我们没有什么差别，差别只是他有一册圣贤的书，如果拥有那本书，我们自己就可以当老师了。"还有一个弟子说："这个老师真的太差劲了，我们是来自各地的精英，谁不知道活在当下呢？这句话轮得到他来说吗？我们想学的是古代圣贤的言论和思想呀！"在背后议论老师久了，许多弟子都生起了这样的想法："等到老师死了，只要抢到那本圣贤书，就可以做老师的继承人，收很多的弟子，靠为别人解决生命的困境维生。"

老师渐渐老了，终于要告别人间了，他并没有指定任何的继承人，也没有把圣贤书交给任何的弟子，他只说了一句遗言："要活在当下呀！"就咽下了最后一口气。老师死了，弟子们不但没有哀伤，反而一拥而上，冲上书房，争夺那锁在最高柜子里的圣贤之书，甚至因为抢夺太激烈，把书柜都打破了。他们把那本大书撕成了好多残篇，才发现那本书根本就是空白的，一个字也没有。只有书的封面留有老师的笔迹，写了四个大字："活在当下。"

虽然故事中的老师善于解决人生的困境，在他的身边也聚集了很多慕名而来的弟子，但是当弟子有疑问的时候，老师却不会说什么大道理，只是告诉自己的弟子四个字——活在当下。对于这样的一个答案，学生并没有听进去，只是一味地猜测应该如何去解决人生的困境，只能最后将自己的日子白白虚度。其实，活在当下，这虽然是简短的四个字，却也是人生的至理名言，但是不懂的人还是不懂，因为不懂生活不懂命运，所以只能让生命虚度。

其实很多时候我们也是如此，总觉得自己懂得珍惜一切，也懂得珍惜生活，但是当我们行走在人生的旅途中的时候，却不明白真正的生活应该是如何，只是让那些无端的抱怨以及怀念扰乱自己的心扉，总是让那些无边的愁苦充斥自己的内心，让心灵负重。其实人生很简单，只需要我们活在当下，只需要我们用一颗虔诚但是又努力向上的心过好现在的生活，那么我们的人生也就收获了幸福，当然我们也就获得了成功。

心灵絮语

明天是我们不可掌控的，昨天又是我们无法追回的，所以在人生中我们能够把握的只有现在，我们能够做的只能是活在当

下。活在当下不是要求我们不要理想的未来，只是让我们在现实中的每一步走得踏实；活在当下也不是要求我们不可以有记忆，而是让我们在走过的每一段路中收获经验，为以后的人生积累财富。

成就向上力量，带着理想去远航

理想是人们对于自己生活的一种希冀，也是人们对于自己人生路途的一种设定。在人生的旅途上，如果我们能够带着自己的理想去远航，不管是遇到怎样的风浪也能够积极向前，也能够让自己成就向上的力量，那么我们也能够很好地把握自己的未来，也能够成就自己生命中的绚烂。

每个人都有自己的理想，自从我们懂得理想为何物的时候，自从我们的心里有了一个小小的愿望的时候，自从我们懂得追求的时候，那个小小的理想就进驻在了我们的心里，然后在岁月的沉淀中慢慢地成长，慢慢地发芽开花，直到结出累累的硕果。也就是说，在我们的人生中当我们心中有了一个小小的理想的时候，我们就已经带着自己的理想去远航了。

所有的人只要是心中有理想的都在带着自己的理想远航，都在前进的途中遭受着命运的考核，也都在人生的路上会遇到一些风浪。可能我们的理想是成为一名出色的演员，但是成就这样的辉煌也不是我们说想就可以变成现实的，因为这条路上有很多的规则。就像是初入演艺圈的刘若英一样，虽然她想要站在舞台上，想要散发自己的光芒，但是外表并不出色的她只能让自己在舞台上不断地积累经验，很多时候她只能够站在台下看着别人的演出。但即使这样她还是没有放弃，即使每天都跟在那些明星的后面，为他们拿衣服送饭，但是她还是没有向命运妥协，她还是用不断向上的力量带着自己的理想走到了理想的彼岸，站在了梦中的舞台之上。其实生命中的理想，不管在实现的旅途上有多么的艰难，只要是我们努力去做，不断地向上攀登，用向上的力量去成就，那么总有一天理想会变成现实，我们也会到达理想的彼岸。

2001 年，随着几声"哇哇"的啼哭声，她出生在著名的英国剑桥大学校园。51 岁得女的父亲将她视为掌上明珠。不料天有不测风云，两岁时，她竟然得了一种恶性肿瘤——神经胶质瘤，危及生命。经过 18 个月的痛苦化疗，她总算保住了性命，但视神经受到严重损害，完全失去了视觉。幸运的是，当时的她根本不知道痛苦是什么滋味。

因为父母的悉心照料，小小年纪的她自信地成长起来。她酷爱学习，将学习当作一种游戏。4 岁时，父母为她请了一位盲文老师。每次学习，她都要将老师讲解的内容用录音机录下来，然

后一字一句地用小针扎出凹凸不平的盲文笔记,再用手一遍又一遍地练习。盲文老师特别喜欢她,每次总会对勤奋的她竖起大拇指,不停地说:"good! good!"然而,看着她一天天长大,她的父母开始变得有些焦虑不安了。因为,孩子终归要融入校园这个集体。最终,她的父母还是痛下决心,将她送进了当地最好的学校。

一星期后,父母去看望女儿,天性敏感的她拽着父母的衣角,硬是哭着要回家。原来班上一个调皮的小男孩嘲笑她:"你虽然很聪明,但你双目失明,永远无法看到这个精彩的世界。"待她情绪稳定后,父母知道告诉她真相的时刻已经来临,便将她带到校园一角,认真地说道:"你确实跟其他孩子不一样,我们也曾经替你感到惋惜。可是,宝贝,至少你已经跨越了鬼门关,因此,你的生命显得尤为可贵,你的人生也最有意义!这又怎么会不精彩呢?""我要挑战的不是别人而是自己,战胜了自己,就不怕别人嘲笑了!"乖巧的她用力地点点头。看着懂事的女儿,父母备感欣慰,双眼早已噙满了泪花。

自此,她更加努力地学习。仅用了两年,她就可以用盲文流利地阅读和写作了。6岁那年,她突然告诉妈妈,自己想学一门外语。为了使女儿不受太多委屈,母亲建议她学汉语,因为母亲明白,那是一门非常难学的语言,她一旦难以坚持,就会主动放弃。在学习的过程中,她体会到了学习汉语的困难,学汉语光拼出字母可不够,还要掌握四个声调,声调变了,意思就完全不一样了。可这并没有减弱她学习汉语的热情,面对挑战,她只是将它看成一个"游戏的升级版"。她每天都会戴着耳机听汉语录音，一听就是几个小时。课间休息时间，她总会主动邀请老师进行面对面的交谈。一分耕耘，一分收获，她的汉语成绩比健康的同学还要优秀。正是凭着这种"挑战自己"的劲头，此时的她已经熟练掌握了法语、西班牙语等几国语言。目前，她正开始准备挑战新的语言领域——阿拉伯语、德语和俄语。

功夫不负有心人。2011 年 4 月，欧盟在比利时首都布鲁塞尔召开会议。欧盟成员国的代表会聚一堂，西装革履的人们说着五花八门的语言。此时，一个年仅 10 岁的小女孩，坐在半圆形会场的一角，戴着专业的头戴式耳机，一边倾听着耳机里代表的发言，一边准确无误地做着同声传译。这个小女孩就是改写了欧洲议会历史的亚莉克希亚·索洛尼。因为欧洲议会规定：走进半圆形会场的人的年龄不得小于 14 岁。

故事中的小女孩虽然双目失明，虽然在学校的时候受到了别人的嘲笑与歧视，但是对于命运她没有低头，并且在以后的人生中她有了自己的理想，也一直带着自己的理想不断地走向远方。她就是改写了欧洲会议历史的亚莉克希亚·索洛尼。她在自己的生命中用坚强与积极向上告诉着我们：人就是需要不断地去挑战自己，也要挑战命运，只有这样我们才能够实现自己的理想，只有这样我们才会让自己的生命变得更加的绚烂多彩。

的确，虽然我们无法选择自己的命运，但是我们却可以选择自己生活的方式，我们可以选择自己的人生，当然一旦做了选

择，很多时候也就是一辈子，有时候想要转身都来不及。所以在选择的时候我们始终要记得去挑战自己，挑战命运，成就向上的力量，然后带着自己的理想用坚强与勇敢去远航，只有这样我们才能够看到更加绚烂的风景，我们也才能成就自己的人生。

　　每个人的心中都需要一个理想，并且在前进的途中我们也需要带着这个理想去远航，因为有了理想有了目标，即使在途中遇到再大的风浪，即使会碰到怎样的坎坷，我们都会在自己理想的指引下，在向上的力量的牵引下走出困难，到达波岸。

张扬个性，实现自我价值

　　每片树叶都有着自己落地的方式，每个人也都有着自己的个性，生活不是别人的，始终是自己的，所以我们不用在别人的眼光以及评价下生活，也不用按照别人的生活方式去要求自己。要知道我就是我，独一无二，有着自己的个性，并且也有着自身的价值，只要我们能够在生命中实现自我价值，那么生命之花肯定会开得异常灿烂。

在我们的世界上始终有两种人，这两种人不是男人和女人，也不是小孩和大人，贫穷或者富有的人，更不是成功的人和失败的人，而是这样的两种人：一种是活给别人看的人，一种则是活给自己看的人，并且在我们的生活中大部分的人都是活给别人看的，他们由于太过在乎别人的眼光与看法从而让自己身心疲惫。

就像是在小时候，当我们考了一个满分的时候，我们总想着跑回家去告诉父母，然后获得父母的夸奖，于是我们考高分更多的时候不是因为我们喜欢学习，而是我们喜欢父母的夸奖，我们喜欢别人的夸奖，当然这样的夸奖也就是活给别人看。长大以后，当我们因为贫困或者是其他原因受到别人的羞辱的时候，我们总是说"我一定要好好干，出人头地，挣很多很多的钱，把钱当纸一样扔在他面前让他看"等等，所有的这一切我们似乎都在在意着别人的眼光，我们也在活给别人看。其实这样的人生虽然会有一些冲劲，因为想要获得别人的认可而不断地努力，但是这样的生活终究会像给自己的心头压了一块石头一样太累。

就像是在做一件事情的时候，我们总会想着如果自己做不好，那么别人会怎样想，别人会不会鄙视自己，在说一句话的时候总想着别人会不会嘲笑自己，会不会觉得自己幼稚，所以就让自己变得小心翼翼，也将真实的自己藏在了背后，永远都见不到阳光。甚至有时候为了顾及别人我们连自己的梦想都会舍弃，然

后只为别人活着，让自己的人生虚度。

其实，人生是属于我们自己的，生活也是靠我们自己去过，就算是多在乎别人的眼光与评价，别人也不能替我们生活，我们每个人都有着属于自己的个性，也有着自己人生的价值。就像是有人说过的，在这个世界上的任何东西都有它自身存在的价值，我们也是一样，不管我们是渺小还是伟大，是明星还是默默无闻的群众，我们都有着自己的价值，只要肯去发掘，那么生命也会变得灿烂，当然我们的人生也会收获辉煌。

从前有一个女孩，她从小就失去了父亲，只有母亲把她带大。小的时候每次上学，同学们都欺负她，并骂她是私生子。别人也都对她指指点点，为此她整日烦恼不已。无论她走到哪里，这种烦恼都如影随形，不断地折磨着她。

有一天，这个女孩受不了了，便想投水自尽，一死了之。可是，女孩刚刚跳进河中，就被人救了出来。当听说完女孩的不幸遭遇时，那个救她的人劝她投入佛门，寻找解脱。

于是，这个女孩就来到了寺庙，拜访了一位禅师。对自己的不幸叙述了一遍！禅师在听完女孩的叙述之后，只是让她静静地打坐，别无所示。这个女孩打坐三天后，非但烦恼没除，羞辱之心反倒更加强烈了。女孩气愤不过，跑到禅师面前，想将他臭骂一顿。

禅师看着女孩问道："你是想骂我，是吗？只要你再稍坐一刻，就不会有这样的念头了。"禅师的未卜先知，让她既吃惊又心生敬意。于是，她依照禅师的教示又继续打坐了。

不知道过了多长时间，禅师轻声问道："在你未来到这个世界之前，你是谁？"

女孩脑子里的某根弦仿佛突然被拨动了一下，她合上双手捂上脸，随后便号大哭起来："我就是我啊！我就是我啊！"女孩子一下子明白了，原来自己活得那么痛苦只是因为在别人的面前丢失了自己，只是在外界因素的影响下丢掉了属于自己的个性，所以她的人生才会如此的没有价值。在静坐了一段时间以后，小女孩决定回去，然后张扬自己的个性，实现自己的人生价值，当然她做到了，并且后来成为了一名优秀的心理学家。

很多时候，由于这样或者是那样的原因，我们会忘记了自己是谁，也忘记了自己活着的意义，只是过分地在意别人的眼光，也总是过分在意别人的评价，从而让自己迷失在人生的道路上。就像是故事中的小女孩一样，由于家庭环境的影响，由于同学的嘲笑，她总是被烦恼缠身，最终在承受不住压力的时候选择了放弃自己的生命，结束自己的人生。可是，她并不知道结束了自己的生命并不是可以解脱，如果想要解脱则需要她放下内心的执着，不再那样在意别人的眼光，不再活在别人的阴影之下，而是活出真正的自己，当然这都是她在禅寺里面、在那个禅师的指导下明白的。所以当她明白之后她就放下了心中的执念，真的活出了自己的精彩。

其实很多时候我们也是这样，总是太过于在意别人的眼光，有时候也因为跟着别人的脚步隐藏了自己的个性。其实，在这个

大千的世界中我们无须成为别人眼中什么样的人，我们也无须太过于将真实的自己隐藏，因为只有活出真正的自己，那么我们的自我价值才会得以体现，当然在我们体现自我价值以后，我们的人生也就成就了属于我们自己的辉煌。

心灵絮语

　　幸福的钥匙在我们自己的手中，成功的钥匙也把握在我们自己的手中。每个人都是独特的自己，每个人也都是独一无二的存在，只要我们能够在自己的生命中张扬个性，活出真的自己，那么我们也会实现自我的价值，也会在独一无二的人生中掌控自己的命运。

热爱人性光辉，成就非凡理想

　　人是一种伟大的动物，在他身上所散发的光辉也是任何力量都不能够比拟的。可能在我们的人生旅途中有坎坷有磨难，有挫折也有失败，但是只要我们拥有人性的光辉，只要我们热爱生命，那么不管是怎样的黑暗我们都可以看到光明，不管是怎样狭窄的小路，我们也能够走成康庄大道。

人生中总有那么一些日子见不到阳光，总有那么一段时间会让消极与绝望陪伴着自己，当然我们也有时候会因为人生路上的坎坷与挫折变得脆弱。这几乎是每个人都会经历的一个过程，也像每个人生命中都不可避免的灾难一样。但是不管是怎样的灾难，不管是怎样的绝望，总有那么一股力量支撑着我们最终完整地走完人生的路途，推动着我们度过所有的坎坷与磨难，也最终成就非凡的理想。这种伟大力量就是人性的光辉。

　　就像是海伦·凯勒的成功一样，虽然她有着残缺的身体，虽然她不能像正常的人一样看到大自然，看到五彩缤纷的色彩，但是在她的身上一直有着一股信念，也有着一种强大的力量支撑着她的一生，这些信念与力量也让她在克服重重的困难之后发出了这样的感慨：生命是如此绚丽多彩，当然也让她收获了人生中的成功。伟大的科学家霍金也是如此，虽然他年纪轻轻就患上了能使肌肉萎缩的卢伽雷氏症，从此自己的生活就被禁锢在轮椅上，只有三根手指可以活动。并且在后来又因为患上了肺炎做了穿气管手术，让他丧失了说话的能力，但是这些灾难都没有把他打倒，也没有摧毁他，反之让他的生命更加的绚烂多彩，也让他的成就更加的辉煌。

　　上天很多时候都是公平的，他给予我们生命，也给予我们快乐，更给予我们挫折与坎坷，但是在这些快乐与困难、挫折与坎坷之中都蕴含着一定的人生道理，需要我们自己去体会，需要我们去激发自己的潜力，去不断地坚持磨炼自己，也就是要我们去

发挥自己的人性光辉，并且热爱它。只要我们做到了这些，能在经受磨难的过程中依旧热爱生活，依旧坚强不屈，那么总有一天我们会成就非凡的理想。

　　有一个年轻人，从很小的时候起，他就有一个梦想，希望自己能够成为一名出色的赛车手。在军队服役期间，他曾开过卡车，这对他熟练驾驶技术起到了很大的帮助。退役之后，他选择到一家农场里开车。在工作之余，他仍一直坚持参加一支业余赛车队的技能训练。只要有机会遇到车赛，他都会想尽一切办法参加。因为得不到好的名次，所以他在赛车上的收入几乎为零，这也使得他欠下一笔数目不小的债务。

　　那一年，他参加了威斯康星州的赛车比赛。当赛程进行到一半多的时候，他的赛车位列第三，他有很大的希望在这次比赛中获得好的名次。突然，他前面那两辆赛车发生了相撞事故，他迅速地转动赛车的方向盘，试图避开他们，但终究因为车速太快未能成功。结果，他撞到车道旁的墙壁上，赛车在燃烧中停了下来。当他被救出来时，手已经被烧伤，鼻子也不见了。体表烧伤面积达40%。医生给他做了7个小时的手术之后，才使他从死神的手中挣脱出来。

　　然而，他并没有因此而灰心绝望。为了实现那个久远的梦想，他决心再一次为成功付出代价。他接受了一系列植皮手术，为了恢复手指的灵活性，每天他都不停地练习用残余部分去抓木条，有时疼得浑身大汗淋漓，而他仍然坚持着。他始终坚信自己的能力。在做完最后一次手术之后，他回到了农场，换用开推土机的办法使自己的手掌重新磨出老茧，并继续练习赛车。仅仅是在9个月之后，他又重返了赛场！他首先参加了一场公益性的赛车比赛，但没有获胜，因为他的车在中途意外地熄了火。不过，在随后的一次全程200英里的汽车比赛中，他取得了第二名的成绩。

又过了2个月，仍是在上次发生事故的那个赛场上，他满怀信心地驾车驶入赛场。经过一番激烈的角逐，他最终赢得了250英里比赛的冠军。他，就是美国颇具传奇色彩的伟大赛车手——吉米·哈里波斯。

虽然命运跟他开了一次又一次的玩笑；虽然他人生的路途上到处都是坎坷，到处都是泥沼，但是面对这些他都没有低头，也没有屈服，只是执着地走着自己的人生路。在他人生的旅途中我们看到的是他的坚强不屈，是他的执着与那无法熄灭的信念，也是他那对生活以及理想的无限的热爱，这些人性的光辉就像是一盏盏明亮的灯火，总是照耀着他前进的道路。

或许我们的天空会像故事中的吉米·哈里波斯一样一次次地被乌云遮蔽，可能我们的路途也会充满荆棘，但是只要我们不管在何时都能够热爱生命，不管在何时都能够热爱人性的光辉，让它给我们指引，那么它就会产生强大的力量，会成为我们理想的基石，也会成为我们腾飞的翅膀。

人性的光辉，就像是我们需要的太阳能一样，能够为我们源源不断地提供能量。所以，在我们的生命中要懂得去热爱人性的光辉，要让它给予我们指引，在乌云蔽日的时候为我们拨开迷雾，在荆棘丛生的路途中为我们披荆斩棘，从而引领我们成就非凡的人生。

用真诚点亮人性的光辉

点亮人性的光辉，需要激发我们对真善美的追求，需要我们做一个真实的真诚的人，不管是在生活中还是在工作中都要用一颗真诚的心去对待别人，对待工作，用诚信去点亮自己的人生之路。因为只有这样我们才能够在生命的旅途中用人性的光辉去指引自己，去给自己铺路，才能够引导自己的生命走向辉煌。

真诚就像是一个羞涩的小姑娘，有时候总是喜欢隐藏自己，所以很多时候我们寻寻觅觅之后还是难以发现她的踪影，但是当我们一旦发现一旦与她建立良好的关系的时候，她就会像一个忠诚的武士一样，一心在我们的人生中创造奇迹，为我们的生命增添色彩。

那么究竟怎样去发现真诚呢？我们也知道人们很多的感情很多的品质并不是在一些惊天动地的大事中发现的，而恰恰是在一些小事中体现出来的。有时候一句问候的话语，一件天冷时候的外衣，一个善意的微笑，一次恰到好处的关心等，这些都可能会在我们的心中掀起一点点涟漪，让我们在心中悲痛的时候，让我们在无助的时候，让我们在感觉生命的冷漠的时候给我们一些温情，也给我们的人性带来一些光辉，让我们在人生的路上能够继续往前走。

有一次去外地出差的路上，一车的人谁也没有讲话，大家躲在自己的报纸后面，彼此保持着距离。汽车在树木光秃、积雪消融的泥泞路上前进。

"注意！注意！"这时突然响起了一个声音。"我是你们的司机。"他的声音威严得让车内鸦雀无声。

"你们全都把报纸放下。"

"现在转过头去面对着坐在你身边的人，转啊！"

全车人像听到指挥官的命令的士兵一样，不由自主地全都服从了"口令"，无一例外，也无一人露出笑容，这是一种从众的本能。

"现在，跟着我说……"又是一道用军队教官的语气喊出的

命令："早安，朋友！"

大家跟着说完，都情不自禁地笑了。

应该是一个沉闷的出差的早晨，应该是冷漠与疏离的一群人，但是却因为司机的几句话让整个气氛都得到了缓解，并且也让人们之间的距离拉得更近，让彼此感到了对方的真诚，当然这个真诚也在这些人的心中燃起了一点火花，让他们看到了人性的光辉，让他们感受到了这个世界的温暖。

人性的光辉遍布在我们的世界中，也可以隐藏在我们任何一个人的身上，只要我们带着真诚上路，在生活与工作中用一颗真诚的心去对待别人，去对待事情。那么在真诚的诱导之下，人性的光辉也会得到更好的体现，当然我们也能够在这些光辉中不断地改变自己的路途，不断地去调整前进的路，不断地去丰富自己的生命，不断地为自己的生活填充色彩。

所以不管我们每天有多么的累，不管我们的生活有多么的窘迫，不管我们的工作有多么的不起眼，也不管在我们的生命中得到了多少人的嘲笑与轻视。但是我们都不要忘记了每天给自己一个希望，每天给自己一个灿烂的心情，也给自己的生活一个期待，给自己的工作一个目标，而对待别人也不要忘记了每天给自己周围的人一句温暖的问候，一个善意的微笑，一句鼓励的话语，在别人需要帮助的时候不要吝啬伸出自己友善的双手，用自己的真诚去填充我们的精神生活，用真诚去点亮自己的人生之路。相信在真诚的引导之下，人性的光辉会散发出致命的吸引力，不光是为我们吸引来美好的生活，还会帮我们吸引来人生中的成功。

在一个暴风雨的晚上，有一对老夫妇走进一家旅馆的大厅要求订间住房。"很抱歉，"柜台里一位年轻的服务生说，"我们这里已经被参加会议的团体包下了。往常碰到这种情况时，我们都会把客人介绍到另一家旅馆，可是这次很不凑巧，据我所知，附近的旅馆都已经客满了。"

服务生看到老夫妇一脸的遗憾，赶紧说："先生、太太，在这样的夜晚，我实在不敢想象你们离开这里却又投宿无门的处境。如果你们不嫌弃的话，可以在我的房间里住一晚，那里虽然不是豪华的套房，却十分干净。我今天晚上要在这里加班工作。"这对老夫妇因为给服务生增添了麻烦而感到很不好意思，但是他们还是谦和有礼地接受了服务生的好意。

第二天一大早，当老先生下楼来付住宿费的时候，那位服务生依然在当班，但他婉言拒绝了老先生，他诚恳地说："我的房间是免费借给你们住的，我昨天晚上在这里已经挣得了额外的钟点费，房间的费用本来就包含在里面了。"老先生说："你这样的员工是每一个旅馆公司梦寐以求的，也许有一天我会为你盖一座旅馆。"年轻的服务生听了笑了笑。他明白老夫妇的好心，但他只当它是一个笑话。

又过了几年，那个柜台服务生依然在那家旅馆上班。有一天，他忽然接到老先生的来信，信中清晰地叙述了他对那个暴风

雨夜晚的记忆。老先生邀请柜台服务生到曼哈顿去和他见上一面，并附上了往返的机票。

几天以后，服务生应约来到了曼哈顿，在第五大道和三十四街之间的豪华建筑物前见到了老先生。老先生指着眼前的建筑物解释说："这就是我专门为你建造的饭店，我以前曾经说过的，你还记得吗？""您在开玩笑吧？"服务生不敢相信自己的耳朵，他惊讶地说："我有点糊涂了，请问这是为什么？"老先生很温和地说："我的名字叫威廉·渥道夫·爱斯特。这其中并没有什么阴谋，因为我认为你是经营这家饭店的最佳人选。"这家饭店就是美国著名的渥道夫爱斯特莉亚饭店的前身，这个年轻的服务生就是该饭店的第一任总经理乔治·伯特。乔治·伯特怎么也没有想到，自己用一夜的真诚换来的竟是一生辉煌的回报。

用自己一夜的真诚换来了一生辉煌的回报，这就是真诚的魅力，也是真诚所散发出来的惊人的力量，也是真诚通过点亮人性的光辉给他带来的丰硕的回报。可能在我们的生活中总觉得真诚没有那么强大的力量，并且我们也不能像故事中的服务员一样有那么好的机遇，但是我们不要忘记了，真诚本来就是一种美好的品质，这种品质能够在任何时候都点亮人性的光辉，都有可能会给我们创造奇迹，所以在我们的生命中千万不能够舍弃它，而是要让它一直存在在我们的生命中，为我们的生命创造奇迹，增添色彩。

　　真诚虽然有时候像羞涩的小姑娘一样，总是喜欢隐藏，虽然
她也不喜欢被别人看到，但是不管怎样隐藏，只要是能够珍惜她
珍爱她的人，总能够把握住她，让她为自己的人生增添色彩，让
她为自己的人生送来辉煌。

珍惜那份珍藏于内心的底蕴

　　每个人都有自己独特的那份内心的底蕴，也有属于自己的美
好生活。珍惜那份珍藏于内心的底蕴，不被任何的小事所烦恼，
也不为命运的多变而深深叹息，只是在短暂的生命中活出自己的
美好；平平淡淡地去面对生活中的种种，不因为生命的喧哗而让
一颗心跟着浮躁，过自己的人生，走属于自己的路。

　　在短暂的一生中总有那么一些东西总有那么一些事情一些人
是我们想要去珍惜的，也总有那么一些人一些事在有意无意间已
经深深地刻印在了我们的脑海之中。但是在这里我想说的并不是

对于人或者是事情的珍惜，而是对那一份份珍藏在自己内心的底蕴的珍惜。

那么底蕴到底是什么呢？其实，对于底蕴的理解可能也会出现十万个读者就有十万个哈姆雷特这样的事情，但是对于底蕴不管是怎样的理解都逃不出人们对于人生的感悟、对于生命所持有的见解以及对于生活的追求。就像是有的人觉得做一个有底蕴的人就必须做到宠辱不惊，不以物喜不以己悲；当然也有人觉得做一个有底蕴的人则应该对于任何事情有自己独到的见解，而不是人云亦云，等等。其实做一个有底蕴的人归根结底就是要有自己的个性，并且有着自己独到的一种处世观与人生观，当然这些也是在我们生命中需要珍惜的那些珍藏于内心的底蕴。

珍惜那份珍藏于内心的底蕴，我们就能够在人生的旅途中面对风雨时更加坦荡无惧；珍惜那份珍藏在内心的底蕴，面对任何的诱惑，面对欲望的泥沼我们也都能够顺利地脱逃，将其踩在自己的脚下；珍惜珍藏于内心的那份底蕴，不管我们的命运给我们开了怎样的玩笑，不管在我们的人生中有多少的磨难与苦痛，我们也能够积极地走下去，昂首阔步地度过人生中给我们的考验，然后成就自己的辉煌。因为在底蕴的牵引之下，我们能够更容易找到属于自己的路，也更容易变得坚强并且勇敢，因为那些底蕴就像是散发着温暖的光辉的太阳，能够在任何的时候都温暖我们的心，为我们照亮前方的路。

在河南省境内的一个小山村里，有一个从小就喜欢跳舞的女孩，经过自己的努力，18 岁那年她考上了一所艺术大学，每天勤奋地训练着。可谁也没有想到，生活真的给她开了个巨大的玩笑，她在回家的路上发生了车祸，失去了右臂。梦想破灭后，她尝试过死亡，但最终在父母的坚持下放弃了。几番周折后，她开始学着做一些事情，在这期间她学会了用左手写字，学会了书法、绘画以及刺绣，她积极地生活着。

但是灾难的阴影并没有过去，每当她看到电视上播出的文艺节目时，她的眼泪就止不住地往下流。有一天，她接到自己主治医生的电话，说是国外有一种先进的移植手术，可以把别人的胳膊移植在自己的身上，经过锻炼后可以和自己的胳膊一样灵活，但是这个手术的费用却很高。最终她没有放弃，为自己的生活找到目标了——赚钱。就这样，她每天都在超越自己的。后来，在某一天的下午，她接到了残联打过来的邀请她去参加残疾人艺术团的电话，她拒绝了，因为她不愿意让别人看到自己的缺陷。但是，最终她选择了尝试，于是重新回到了舞台。她像初学者一样每天坚持训练，认真，勤奋。2007 年，由她自己编排的舞蹈荣获了"残疾人表演大赛一等奖"，拿着奖杯，她幸福的眼泪流下来了。

即使命运和她开了一个巨大的玩笑，即使她的生命遭受到了巨大的打击，但是她有着属于自己的那份底蕴，不管何时她都知道要去珍藏，当然也就是源于她对自己珍藏在内心的底蕴的珍

惜，也就是她对生活的积极向上以及对梦想的不懈追求，才让她在原本破碎的生活中慢慢地站立起来，并且完成了自己的梦想，让自己生命的旋律得到了永恒的吟唱。

珍藏在内心的那份底蕴可以是坚强的毅力，可以是对生活的积极向上，也可以是不以物喜不以己悲宠辱不惊的淡定，当然也可以是在任何的苦难中都能够让灵魂飞翔，都不会忘记自己理想的执着与坚韧。珍惜人生中的那份底蕴，珍藏属于自己的底蕴，用心去悟自己的人生，沉淀自己的生命，那么我们就会在那深深的底蕴中感悟生活的美好，也会体会到生命最强大的力量，然后在自己的生命中执着向前永不屈服。

生命需要有一些底蕴，人生需要我们珍惜自己的珍藏。有了属于自己的底蕴，懂得去珍藏，那么对于人生我们就会有自己独到的见解，我们也会有属于自己的内涵，当然也会因为那些底蕴，我们会在任何的灾难与挫折面前依旧顽强不屈，依旧积极向上。

开启智慧，润泽生命之光

    生命之光需要我们的润泽，不然的话就会熄灭。而智慧这个存在在世间的最有张力的人类美好的品格，总能够在黑暗的时候给予人们指引，也总能够在茫茫的沙漠之中为人们带来一丝甘甜的雨露。所以，开启智慧，用智慧去润泽我们的生命之光，那么在一辈子的生命之中，我们就不会因为生命之光的熄灭而让自己的人生沉浸在黑暗之中白白浪费。

    有人说，在我们的生命之中总有那么一丝光辉在人生路上给予我们指引，也总有那么一丝光辉在照亮我们前行的路，这丝光辉就是生命之光。它在生命的初始是那么的强劲有力，是那样的璀璨耀眼，但是随着时间的流逝，随着生命的前行，它也会慢慢地衰弱，最后熄灭。而当它熄灭之后，我们的生命则会陷入一片昏暗之中，而我们的灵魂也会慢慢变得干枯。所以在这个过程中就需要我们的润泽，需要我们的呵护。而开启智慧，则是润泽生命之光的一种最有效的手段。

    开启智慧，则需要我们打开自己的心门，将那些残余在自己

体内的心灵的垃圾全部都清理出去，也需要我们丢弃掉那些横插在我们心中的消极的绝望的想法，而是将那些乐观与豁达填放在自己的心灵。因为只有这样，只有我们给自己的心灵洗一次澡，那么我们才能够更加清晰地辨明自己的内心，才能够让智慧的大门慢慢地敞开。而当智慧的大门向我们敞开的时候，那么生命之光也会得到润泽。

古希腊时代的雅典广场上，苏格拉底如平时一样在广场的一角开始了自己的演讲。这个时候，一群学生来到他的身边，他们正为很多问题难以解决而烦恼、忧愁和痛苦。他们向苏格拉底请教："老师，我们每天都在被这些问题困扰着难以自拔，我们的快乐到底在哪里？我们怎么才能寻找到人生的快乐呢？"

苏格拉底看着这些可爱的年轻人，轻松地说："你们先不要急于寻找快乐，你们先帮我造一条船吧，然后我带着你们乘船去寻找快乐！"

这群学生暂时把寻找快乐的事儿放在一边，锯倒了一棵又高又大的树，找来造船的工具，用了七七四十九天，挖空树心，造出一条巨大的独木船来。

他们来广场告诉苏格拉底，独木船造好了，请老师去看。苏格拉底指挥着独木船下水了，然后与学生一起登上了木船。他带领着这群激昂慷慨的学生，一边合力划桨，一边欣赏着河流两岸的旖旎风光，一边齐声唱起歌来。青年学生们跟随在老师身旁，划船、唱歌，完全陶醉在这忘我的情景当中了。

苏格拉底看着这群天真无邪的孩子问："孩子们，你们快乐吗？"孩子们早已忘记了他们先前向老师提的问题，他们齐声回答："老师，我们快乐极了！我们正行驶在去天堂的路上！"

苏格拉底说："快乐就是这样，它往往在你为着一个明确的目的忙得无暇顾及其他的时候，突然来访。"

苏格拉底长相十分丑陋，扁平的鼻子，粗矮的身材，大腹便便，还有些秃顶。但是，在当时的雅典城邦，他丑陋的相貌与他睿智的哲学同样享有盛名。人们知道雅典有一个长相十分丑陋的苏格拉底，同时更知道苏格拉底无与伦比的智慧。

苏格拉底本人从来也没有介意过自己长相的丑陋，他并不在乎自己出现在什么地方会给他人留下难堪的印象。相反，他总是穿着褴褛的衣服，光着脚到处走。他大部分时间都会准时出现在市中心的广场边，发表演讲，撒播智慧，告诉人们幸福的真谛。只要他一出现，整个城市似乎就动起来了，人们迫切等待着这一时刻的出现，立刻从四面八方围拢到他身边。他立刻就成为城市的核心，不是被围观嘲笑，而是大家都静静地听着他的演讲，感受他的智慧。

苏格拉底作为一个伟大的哲学家，作为一个开启智慧的引路人，他没有在乎自己的外表，他的生命中也没有因为自己丑陋的外表而受到别人的嘲笑，而是在他一出现的时候就有人们迫不及待地从四面八方涌来，他的生命就是这样地充满着精彩，当然他的生命之光也在这些智慧的引领之下没有任何熄灭的迹象。对于

人生、对于生命他有着自己独到的见解，对于快乐与痛苦的定义他也有着自己的想法，他也用自己的真诚传播着智慧，当然可能我们没有像他一样的智慧，但是对于人生我们也可以做到积极开朗，也可以用豁达与智慧润泽自己的生命之光。

所以，不管生命对于我们是怎样的残酷，不管在人生的旅途中有多少个理由要我们痛哭，可是我们还是要坚强地站立起来，擦干自己的泪水，然后微笑着向所有的苦难致敬，并且在任何时候都不放弃希望。这也是我们懂得人生智慧的一种表现，当然做到这样，我们的生命在任何的苦难中也不会熄灭光芒。

在生命中可能有时候因为苦难我们感觉到了无边的绝望，面对生命中那些不如意的事情也会让自己丧失希望，但是智慧的人生是不会向命运屈服的，他懂得如何开启自己的智慧，懂得用自己的智慧去润泽自己的生命之光，从而让它散发出更加耀眼的光芒。

拥抱明天，生命之旅永无止境

生命是顽强的，不管是在艰难的环境中还是在恶劣的气候里，总有生命的诞生以及生命的延续。生命之旅也是永无止境的，即使我们在前进的路途中会遇到很多的坎坷与磨难，会有很多的挫折与灾难，有时候甚至会绝望，但是在这些过后我们还是要继续前进，因为生命就是这样的一个旅程，我们要学会拥抱希望，拥抱明天，选择最美好的一辈子。

对于明天，可能我们每个人的心中都充满了幻想，即使现在过得不好，即使现在还在经受着命运的考验，即使现在满身的泥泞，即使整天都忙得不可开交。但是在偶尔驻足的时候，在偶尔闲下来的时候，我们还是会去用心规划自己的明天，还是在想明天的自己拥有多少幸福，有着怎样的成就。其实生命就是这样，不管我们对于自己的人生有多少的抱怨，不管我们对自己的生命有多么的绝望，但是脚下的路还是会继续延续，我们的未来也一直都在我们的心中，我们还是要去拥抱明天。

拥抱明天，因为生命之旅是永无止境的。就像是那天边飞起的云彩，总是那么一幕幕地掠过天空，从天边到另一个天边，它

们有着那么长的旅途，还是要走到终点，在明天还是要重复着这样的轨迹；也像是东升西落的太阳，虽然它有着万丈的光芒，但是每天的东升西落都是它永恒的主题，在每一个明天到来的时候它也要开始新的明天。我们的生活也是一样，不管发生了怎样的事情，不管在今天我们经历了什么，但是生命还是需要继续，我们还是要继续自己的生活。既然生活要一直继续下去，那么对于自己的生活我们就应该有自己的憧憬，不管是在昨天在今天发生了什么样的事情，我们都应该积极地面对生活，都应该充满希望地拥抱明天，去为自己的明天奋斗，因为这样我们才能够在明天的奋斗中让自己的生命充满张力，才能够在明天的憧憬中让自己的生命越来越辉煌。

　　在美国，有一位叫库帕的大学生因找不到工作，在弹尽粮绝之时，他决定去乔治的公司试试。库帕是一位无线电爱好者，从小就崇拜无线电界的资深人士乔治，如果乔治能够接纳他，他想，他肯定能够学到很多东西，日后也能像乔治一样在无线电行业取得巨大的成绩。当库帕敲开乔治的房门时，乔治正在专心研究无线电话，也就是我们现在常用的手机。库帕将自己在心里想了很久的话，小心翼翼地在乔治面前讲了出来。他说："尊敬的乔治先生，我很想成为您公司的一员，如果能够留在您的身边，当您的助手，那就更好了。当然，我不求待遇……"谁知，还没等库帕说完，乔治便粗暴地将他的话打断了。乔治用不屑的眼神看着库帕说："请问你是哪一年毕业的？干无线电多长时间了？"

库帕坦率地说:"乔治先生,我是今年刚毕业的大学生,还从没干过无线电工作,但是我很喜欢这项工作……"

乔治再次粗暴地打断了库帕:"年轻人,我看你还是请出去吧,我不想再见到你了,也请你别再耽误我的时间。"原本诚惶诚恐忐忑不安的库帕,这时心情倒平静了下来,他不慌不忙地说:"乔治先生,我知道您现在正在忙什么,您在研究无线移动电话是吗?也许我能够帮上您的忙呢!"

虽然对库帕能够猜出自己正在研究的项目而感到惊讶,但乔治还是觉得面前的这个年轻人太幼稚,还不足以为自己所用,所以他坚决地下了道逐客令。最后,库帕说:"乔治先生,终有一天,您会正眼看我的!"不久,库帕在摩托罗拉公司谋到了一份工作。

1973年4月的一天,一名男子站在纽约街头,掏出一个约有两块砖头大的无线电话,并打了一通,引得过路人纷纷驻足注目。这个人就是手机的发明者马丁·库帕。当时,库帕是美国著名的摩托罗拉公司的工程技术人员。这世界上第一通移动电话是打给他在贝尔实验室工作的一位对手的,对方当时也在研制移动电话,但尚未成功。库帕说:"乔治,我现在正在用一部便携式无线电话跟您通话。"乔治怎么也想不到,当年被自己拒之门外的年轻人真的在自己之前研制出了无线移动电话——手机。

虽然在自己求职的过程中他受到了别人的轻视,也被拒之门外,但是这样的结果并没有让他屈服,也没有让他对以后的路途

充满迷茫,他知道自己的未来在哪里,他也懂得用坚强与坚韧去拥抱自己的梦想,去拥抱明天,他更加懂得人生也懂得命运,所以在不断地努力与奋斗之中他实现了自己人生的价值,也登上了生命的高峰。

其实我们的生命也是一样,在我们的一生中会遇到很多的挫折也会有很多的磨难,有时候甚至不管我们是多么的努力但还是实现不了自己的梦想,这时候我们会灰心也会失意,我们会痛苦也会彷徨。但是这个时候也是考验我们的时候,因为在这个时候的决定有可能影响我们的一生,所以在人生关口上,在这些磨难中的选择中我们要懂得去坚强,也要懂得去坚持,更要懂得去勇于承受,只有这样我们才能够冲破重重的难关,才能够迎向人生的光明,才能够拥抱灿烂的明天。

心灵絮语

一生中,有时候一转身就是一辈子。因为人生的路容不得我们那么多的彷徨,也容不得我们太多的犹豫,更容不得我们过分地挥霍。我们所能守住的不仅是自己的今天,还应该是自己的明天,不管前方的路有多么的坎坷,不管前方的路途有多少的磨难,只要我们心中拥有希望,能够去拥抱明天,那么生命之旅将会是我们的永恒。